黑土粮仓

赵光远 著

本书获吉林省社会科学院重要成果出版资助

吉林文史出版社

宋延文摄

图书在版编目（CIP）数据

黑土粮仓：人、粮、地关系新探 / 赵光远著 .

长春：吉林文史出版社，2025.3. -- ISBN 978-7-5752-
0952-6

Ⅰ . S157.1

中国国家版本馆 CIP 数据核字第 202595NE99 号

黑土粮仓：人、粮、地关系新探

HEITU LIANGCANG : REN、LIANG、DI GUANXI XINTAN

著　　者：赵光远

策划编辑：董　芳

责任编辑：董　芳　刘泽佳　王　鹤　弭　兰

装帧设计：刘泽佳　王　哲

出版发行：吉林文史出版社

电　　话：0431-81629369

地　　址：长春市福祉大路 5788 号

邮　　编：130117

网　　址：www.jlws.com.cn

印　　刷：吉林省吉广国际广告股份有限公司

开　　本：170mm×240mm　1/16

印　　张：17

字　　数：287 千字

版　　次：2025 年 3 月第 1 版

印　　次：2025 年 3 月第 1 次印刷

书　　号：ISBN 978-7-5752-0952-6

定　　价：89.00 元

总　序

张占斌

　　从历史的经验和国际的教训来看，变局之中，"手里有粮，心里不慌"；挑战之下，"食为政先，农为邦本"。新时代新发展阶段，粮食安全问题已经成为中国式现代化进程中最基础的战略问题，"谁来生产粮？""在哪生产粮？""怎么生产粮？""生产什么粮？""生产多少粮？"五个问题相互交织，成为社会各界最关心的问题。说到底，这五个问题既是生产力的问题，又是生产关系的问题，是人、粮食和土地三个要素在科技进步的前提下向着命运共同体模式加速演进，全方位保障国家粮食安全的问题。

　　东北黑土地作为我国最主要的粮食产区，负有粮食安全"压舱石"的重任，承担着维护国家"五大安全"，特别是维护国家粮食安全的使命，近年来，在全国粮食产量中的比重有进一步扩大态势。如今，生活、工作在黑土地上的有关青年学者已经在新时代人、粮、地关系问题上开始发力，已经开始跳出农业，站在人、粮、地共同命运层面研究粮食问题，是我阅读《黑土粮仓》书稿后的首个欣喜之处。特别是在 2025 年 2 月 8 日习近平总书记在听取吉林省委和省政府工作汇报时强调："保障国家粮食安全是农业大省、粮食大省的政治责任。"之后，吉林文史出版社能够迅速组织力量，以人、粮、地关系研究为主线，兼顾历史总结、人文考察、动能培育，出版《黑土粮仓》一书，我更觉得是件大好事。我从中国式现代化理论与实践出发，结合《黑土粮仓》书稿以及选题设计，谈几点思考，以作为此书的总序。

推进中国式现代化必须扛稳粮食安全重任。我国是拥有 14 多亿人口的大国，中国式现代化的突出特征就是人口规模巨大的现代化。解决好吃饭问题，始终是治国理政的头等大事。习近平总书记强调："中国人的饭碗任何时候都要牢牢端在自己手上，我们的饭碗应该主要装中国粮""手中有粮，心中不慌。""只要粮食不出大问题，中国的事就稳得住。"党的十八大以来，以习近平同志为核心的党中央高度重视粮食安全，我国粮食生产不断迈上新台阶，为经济社会的稳定做出了重要的贡献。但是也不能轻言粮食过关了，粮食安全的基础仍不稳固。在中国式现代化的推进进程中，我们必须扛稳粮食安全重任，依靠自己保口粮，集中国内资源保重点，做到谷物基本自给、口粮绝对安全，把饭碗牢牢端在自己手上。

加速推进中国式现代化需要研究人、粮、地关系。人、粮、地关系实质上是农业农村领域经济主体、产业链条和空间布局之间的关系，这个关系也是加速推进中国式现代化需要研究的内容。当然，中国式现代化不仅要研究人、粮、地关系，还要研究人、产、城关系，人、财、金关系，人、资、环关系等，并推动这些关系有效协同、有机统一。考虑到中国作为一个农耕文明悠久的农业大国以及正在加速建设的面向未来的农业强国，在研究粮食、研究农业的同时必须看到农耕文明是中华文明的重要内容，农经系统是中国经济的重要网络，乡愁乡风是深植血脉的重要追求。这就决定了研究人、粮、地关系在加速推进中国式现代化进程中就有了更加重要的意义：人、粮、地关系是保安全、增韧性的关键，是激活力、树自信的底气，是闯新路、向未来的动力，是延血脉、续文明的基石，是中国特色发展的色彩。研究好中国各地的人、粮、地关系，梳理出不同地区的差异性特征和一致性规律，是认识和理解"何以中国""何以中国式现代化"的底层逻辑和基础工作。

人、粮、地关系研究要遵循"六个必须坚持"方法论。党的二十大报告提出了"六个必须坚持"的方法论体系，这是人、粮、地关系研究必须要遵循的。在这个关系的研究中，"必须坚持人民至上"——人民是人、粮、地关系的实践者、体验者、创造者，人、粮、地关系的目的也是服务人民追求美好生活；"必须坚持自信自立"——中国的人、粮、地关系有独特的发展脉络、有独特的历史传承、有独特的发展自信，要以实践为主、借鉴为辅，走出自信自立的研究路径；"必须坚持守正创新"——人、粮、地关系随着生产力的发展是不断变化的，要守住人、粮、地关系变化的基本规律，推动人、粮、地关系按照基本规律不断创新前行；"必须坚持问题导向"——人、粮、地关系演化受到机制、文化、利益等各种结构性、周期性的因素制约，普遍性问题和特殊性问题、长期性问题和突发性问题都需要在人、粮、地关系研究中予以考察；"必须坚持系统观念"——人、粮、地关系至少包括人粮、人地、粮地、人人、粮粮、地地六个子关系并呈现出复杂系统特征，要有全局思维才能把握核心规律；"必须坚持胸怀天下"——人、粮、地关系要重点解决粮食主产区的问题，也要兼顾解决特产主产区的问题，要重点研究国内的人、粮、地演进规律变化，也要关注全人类的人、粮、地演进规律变化。只有全面、全方位地遵循"六个必须坚持"方法论，才能把人、粮、地关系说得更透彻、更明白，才能让人、粮、地关系研究为中国式现代化做出更大的贡献。

人、粮、地关系研究要面向未来，抓住五个关键词。《黑土粮仓》一书从历史发展的脉络总结了人、粮、地关系变化规律并对未来进行了展望，这种面向未来的研究思路是值得发扬的。从面向未来的需要看，也从前面提到的五个问题看，人、粮、地关系研究要抓住五个关键词才能更好地面向未来：高质量——要统筹人口高质量发展，粮食高质量发展和土地高质量发展；共同体——要统筹人、粮、地命运共同体，人与自然生命共同体，城乡命运共同体促进人、粮、地关系和谐发展；大市场——要统筹国际市场和国内市场、产品市场与生产资料市场变化，粮农市场与金融、人才、碳汇等其他市场变化，实体市场与虚拟市场变化等因素，构建人、粮、地关系；新治理——要统筹社会治理新趋势、产业治理新方向、生态治理新约束、数字治理新机遇，构建人、粮、地关系新路径；新群体——要统筹人、粮、地关系中老群体与新群体之间的关系，发挥技术新群体、产业新群体在人、粮、地关系中的前沿性、导向性作用。

从马克思主义政治经济学来看，人、粮、地关系不是一个新问题，但是其在新质生产力赋能下必然会产生新的发展规律、新的实践路径，以及新的特色模式。进一步关注人、粮、地关系的演变，能够从哲学社会科学视角对"把论文写在祖国大地上"进行更好阐释，能够从新型生产关系视角对农业农村新质生产力发展产生积极作用，能够为保障国家粮食安全、加速推进农业农村现代化做出相应贡献。

总体看来，《黑土粮仓》一书的出版，对于人、粮、地关系的探索是很有新意的，体现了弘扬中华文明、坚定文化自信的初心，感受到了作者和出版单位的实干态度以及创新精神，对农业农村现代化以及推进乡村全面振兴问题是有一定价值的。最后，希望作者和出版社在人、粮、地关系研究方面，能够以钉钉子的精神持续发力、久久为功，把人、粮、地关系研究做得更深、更实，尽快把这本书出版好、宣传好，为中国农业农村现代化、乡村全面振兴等工作做出更大的学术贡献。

【作者系中央党校（国家行政学院）中国式现代化研究中心主任、国家一级教授】

序 言

陈文胜

　　保障国家粮食安全是农业大省、粮食大省的政治责任。从"必须坚持人民至上"看，不论是发展农业新质生产力，还是落实保障粮食安全这一政治责任，都需要把握人、粮、地关系的演进趋势和主要特征。可以说，人、粮、地关系是农业农村发展的主要逻辑之一，在新质生产力影响下的人、粮、地关系则是农业农村现代化的重要影响因素。党的十八大以来的诸多实践表明，中国农业农村现代化正处于一个关键阶段。与此同时，黑土地上的人、粮、地关系演进也处在一个关键阶段。能否站在更高维度把握黑土地上的人、粮、地关系变化趋势，能否站在群众立场体验黑土地上的人、粮、地关系变化，能否站在未来时空引领黑土地上的人、粮、地关系变化等，都关系着黑土地上的农业农村现代化和经济高质量发展的路径创新、模式选择等问题。从这一意义上看，吉林省社会科学院赵光远研究员所著《黑土粮仓》一书总结归纳了黑土地上人、粮、地关系变化的五个发展阶段，并提出了相关对策建议，是具有一定理论价值和实践意义的。为此，结合本书内容，我想有这样四组关系需要得到进一步重视，并以之代序。

一、要关注人、粮、地关系与"大食物观"的关系

近年来，我国一直在呼吁加快推进践行"大食物观"的各项措施。从整体上看，调整人、粮、地关系与践行"大食物观"的目标是一致的。只有生产者真正意识到人在土地上要生产什么样的粮食才能富民强国，他们才会主动地优化人、粮、地关系，才能主动地践行"大食物观"。脱贫攻坚和乡村振兴中的很多实践证明了这一点。但不可忽略的是，人、粮、地关系的刚性是存在的，部分地方追求粮食产量而非食物热量的现象是存在的，决策者、生产者、消费者之间的信息不对称现象也是存在的，实践发展与形成粮经饲统筹农林牧渔多业并举的农业大产业体系是有一定差距的。《黑土粮仓》中指出，在人、粮、地关系变化中，人是关键变量，粮是一致目标。怎么抓好关键变量以提升主观能动性，怎么调整一致目标以满足未来消费趋势变化，都是需要进一步关注并重点研究的内容，也是从中观、宏观层面践行"大食物观"的关键所在。

二、要关注人、粮、地关系与人口结构的关系

我国的人口结构正在发生显著变化，2024 年中国人口净减少139 万人，60 岁及以上人口占全国人口的 22.0%，东北地区人口结构也正在发生显著变化。这些变化正在引起人、粮、地关系中"人"这个关键变量的变化，并带动着劳动结构、消费结构发生变化，谁来生产粮食、人们以什么样的心态生产粮食、人们消费什么样的粮食、人们怎么在全国统一大市场体系中消费粮食等问题亟须引起关注。《黑土粮仓》中指出，在人、粮、地关系变化中，数据是协调因素、治理是约束条件、共同体是未来方向、融合是重要手段，这些观点整体上是符合人口结构变化大趋势的。我们需要对这些因素的具体作用机制做更深入的研究，才能在人与人之间，人与粮、地之间构

建起更有效的作用路径和更具特色的发展模式。人口结构变化以及数、治、共、融四个因素，是从中观、微观层面把握"必须坚持人民至上"的精髓，并推动农业农村现代化的重要节点。

三、要关注人、粮、地关系与科技创新的关系

以科技创新推动产业创新、因地制宜发展新质生产力已经成为全国各地进一步全面深化改革的重要任务。具体到农业农村现代化领域，从科技创新向产业创新的进一步转换将对人、粮、地关系产生重要的影响，一个可能的趋势是将会有更多的人才走进产业创新领域，粮食生产以及耕地保护等需要更多的，具有创新能力的产业主体支撑，农业农村领域的技术供给方将从公益科研机构转向市场主体或产业主体。这一转变对于市场经济发展水平不同、区域经济实力不同的区域影响是有很大差异的，黑土地上各个区域能否自觉、主动地适应这一转换过程仍充满不确定性。《黑土粮仓》认为，在人、粮、地关系变化中"创"是重要支撑，"用"是控制变量。这实际是"因用而创"还是"因创而用"的问题，这个问题在宏观层面和微观层面也存在差异，需要针对不同地区的人、粮、地关系特点而精准施策。其中也有很多需要进一步研究和探讨的问题。

四、要关注人、粮、地关系与区域文化的关系

从历史发展来看，人、粮、地关系不仅影响着农业农村生产力的发展，而且塑造了不同地区的农业农村文化，并进而影响着一个地区的文化特色；同时区域文化对人、粮、地关系也具有一定的反作用，开放的、包容的文化更有利于人、粮、地关系的自我优化，封闭、小农的文化则不利于人、粮、地关系随着生产力进步而进行调整。这在农业农村发展实践中，也包括在"千万工程"经验推广

中是有很多案例的。人是物质中的人，更是文化中的人，《黑土粮仓》一书在人的逻辑、发展逻辑以及对策建议中或多或少地关注了区域文化相关内容，但总体上是不够的。希望作者在后续的研究中，对区域文化因素、人文经济因素的影响做专门探讨，这对于社会各界深化对人、粮、地关系演进的认识，从更高维度推进黑土地上的农业农村现代化进程是有必要的。

　　总的看来，《黑土粮仓》一书对于人、粮、地关系的研究是有一定新意的，其中的很多观点，对黑土地上的农业农村现代化，以及推进乡村全面振兴问题是有一定价值的。希望作者在人、粮、地关系研究方面，能够以钉钉子的精神持续发力、久久为功，把人、粮、地关系研究做得更深更实，为中国农业农村现代化、乡村全面振兴等工作做出更大的学术贡献。

【作者系湖南师范大学"潇湘学者"特聘教授、中国农村发展学会副会长、湖南师范大学中国乡村振兴研究院院长】

黑土如金（代前言）

历经多次修改，终于形成了这篇前言，以总结和展示本书对于"黑土粮仓——人、粮、地关系新探"这个主题的系统思考。众所周知，黑土地在当今世界经济体系中具有重要的基础地位和战略地位，从FAO（联合国粮食及农业组织）等知名国际组织到各类专家学者均对黑土地保护利用等问题发表了客观而科学的观点，各类政策、法律、方案、技术等也都在黑土地保护利用中发挥了积极有效的作用。本书在这样的基础上进行研究并试图创新，其实是一个比较艰巨的任务。在这种情况下，本书试图提出并解决三个问题，并进而实现如前言标题所指的"黑土如金"这样的未来目标。为此，以这三个问题为切入点进行阐述，并将其作为前言内容，希望能够引起读者的共鸣。

一、黑土地的价值在哪里

近年来，一谈到黑土地就会令人联想到"耕地中的大熊猫"这一表述。但是，黑土地的价值仅仅是耕地吗？一方水土养一方人。本书第三章中指出，黑土地不仅仅是耕地，更是一个独具特色的经济系统、一个城乡循环的区域系统、一个持续发展的生态系统、一个共建共享的文化系统……这表明黑土地不仅仅具有农业价值，还具有经济价值、社会价值、生态价值、文化价值……从 0.5 亿公顷的黑土地，到超过 1 亿公顷的黑土区，再到近 150 万平方千米包括整个东北地区在内的黑土地经济区，以及近些年由黑土地所孕育的，影响全国乃至世界的东北话、东北菜、二人转等东北文化，黑土地的价值其实远远超越了人们的想象。

那么，黑土地的价值到底在哪里？我们要回到"价值"的定义——价值泛指客体对于主体表现出来的积极意义和有用性。在这个定义的基础上，黑土地的价值主要在于黑土地对于人（或主体）的积极意义和有用性上。从传统意义上看，黑土地的价值主要在于生活在其上的人（或主体）的感受，这既包括来自历史惯性或者社会感性的感受，也包括来自系统分析或者科学理性的感受。但从现实意义或者未来意义上看，黑土地的价值则不止于生活其上的人，还包括与之关联的人——消费黑土地上的物质产品和精神产品的人，也就是说黑土地上的生产生活活动"为了谁"已经发生了重大转变——从"我能生产什么"向"我该生产什么"的转变，这也标志着黑土地的价值已经发生了重大转变——从土地的自然价值向人的劳动价值的转变。

但是，必须看到很多人包括决策者在内，还没有完全意识到这种转变以及这种转变的重大意义，对于传统生产生活方式的路径依赖在黑土地上的各个角落还广泛存在。可以说，如果看不到新时代黑土地的价值和意义所在，如果看不到黑土地的价值取决于人的价值，如果不能够重新定义以及重新把握人、粮食和黑土地的关系，黑土地上的经济社会发展走新路、开新局仍将步履维艰。只有以人为本、认识变化、看到趋势、发现价值，才能坚定信心、确定方向、久久为功、以人赋土、化壤为金。

二、黑土地的未来在哪里

肯定黑土地的价值，才能坚信黑土地的未来。同时，打破现实中的障碍，才能提升黑土地的价值。本书认为在人、粮食和黑土地的关系中，人具有主观能动性和历史创造性的力量，黑土地上生活的人要和黑土地之外生活的人联合起来发挥人的力量，共同解决制约黑土地发展的各种问题，是黑土地的未来所在。

探索黑土地的未来必须正视现实中的障碍。从全球看，地缘政治、气候变化、全球治理、科技进步等共同带来的"百年未有之大变局"，正在影响着"黑土如金"的效果。2022 年，联合国粮农组织发布《全球黑土报告》指出，黑土这一黑色宝藏正在受到威胁，大多数黑土失去了一半的有机碳储量，遭受中度到严重的侵蚀，营养失衡、酸化、压实和土壤生物多样性丧失等问题日益严重。同时，全球最大面积的那片黑土地正在经历战争洗礼；台风、龙卷风、洪水等自然灾害不断袭扰中国东北地区的黑土地和密西西比河流域的黑土地；很多国家缺少对黑土地保护的立法和实际行动；资本力量在大宗农产品国际贸易市场上的纵横捭阖影响着黑土地上生产生活的积极性……或许可以说，阻碍黑土地走向未来的力量一直十分强大。

为何如此？其中很重要的一个原因是我们仅仅关注了黑土地和粮食的关系，而忽视了人的作用以及人与黑土地关系的变化。当黑土地仅仅成为粮食生产的资料，仅仅成为农业资本盈利的车间，仅仅通过粮食来体现其"黑土如金"的价值，那么让"黑土如金"快点儿"变现"也就成了必然，谁会把黑土地真的当成可以"传家的宝贝"呢？当在黑土地上生产、生活的人民群众的福祉难以保障，老龄化趋势难以逆转，科技进步和社会进步长期滞后于那些灯火辉煌的城市群、都市圈时，那么让城市圈占领"黑土地"，一味只图快点儿发展也就成了必然，谁会把黑土地真的当成可以"富民兴绿"的条件呢？人在黑土地和粮食生产之间充当什么角色，人民群众在黑土地和粮食生产的政策中如何具有主体性，全球人民如何意识到黑土地与自身发展的联系，等等，都决定着黑土地的未来，决定着全球粮食生产的未来，决定着人类自身的未来。

当然，中国的黑土地保护立法、联合国粮农组织发布的《全球黑土报告》、中国东北地区黑土地保护的各种实践，都让人看到了黑土地的未来。我们亟须把握新时代黑土地的价值所在，重新定义黑土地上人的功能，促进生产生活于黑土地上和之外的人们联合发挥力量，限制资本以及权力对黑土地的侵蚀，让黑土地在人本、生态、创新中走向永续发展之路。

三、怎么把握三者的关系

确立黑土地的价值、把握黑土地的未来，必须把握人、粮食和黑土地之间的关系。笔者认为，这个关系在很大程度上决定黑土地是经济社会可持续发展的基础，是决定黑土地作为国家粮食安全"压舱石"地位的关键。把握三者的关系，重点要从如下四个方面切入：

这是一个简单的关系，也是一个复杂的关系。人在黑土地上生产粮食是三者之间最为简单的关系，但是一旦对这三个对象加上不同的，甚至可变的约束因素，这就变成了一个复杂的关系，如人在黑土地上是为自己生产粮食，还是为国家生产粮食，是年轻人在黑土地上生产粮食，还是老年人在黑土地上生产粮食等，以及是以传统生产为主，还是以科技生产为主，是单体生产为主，还是集体生产为主，是小规模生产，还是大规模生产，等等。

这是一个具体的关系，也是一个抽象的关系。这个关系对于个人或者个别劳动者来说就是劳动者、劳动对象和劳动产品之间的关系，但是对于一个村落、族群乃至国家而言，这又是一个抽象的关系。为什么生产、怎么能高质量生产、如何能可持续生产等问题又都是需要在抽象层面上考量和予以解决的问题。

这是一个感性的关系，也是一个理性的关系。这个关系是一个感性的关系，是劳动者之间顺其自然产生的关系，并且基于这种感性产生了黑土地上特殊的文化。同时也必须看到人、粮食、黑土地之间的理性关系，如不同时期的人选择以什么形式留在黑土地上从事生产活动等，这是一个蕴含理性且富有规律的关系。

这是一个短期的关系，也是一个长期的关系。人是黑土地上历史的创造者，考察人、粮食和黑土地的关系，不能局限在几年或者十几年这样的短期维度来分析，那样只能看到短期关系或者表面关系，因此必须坚持用上百年、上千年的历史维度进行长期分析，才能考察这组关系的历史变化和未来可能，才能让这组关系协调地发展下去。

四、本书的写作考虑及主要结论与建议

以上，是笔者写作的一些缘由以及相关考虑。本书从历史脉络、当代成就、奋斗故事、新质发展等方面进行探讨，将人类活动对黑土地和粮食生产的影响进行回顾与分析，并基于新质生产力发展的背景，对未来发展中"人、粮食与黑土地的关系"进行展望。作为一名在黑土地上出生、成长、学习、工作而又有机会对黑土地上经济社会发展进行研究的哲学社会科学工作者，同时也作为一个大清早走出家门就能踏足黑土地并欣赏稼穑、食之蔬粮的普通人，笔者坚信，黑土地特别是中国的这片黑土地，作为习近平新时代中国特色社会主义思想的重要践行地，必将走出一条全新的发展道路，为改变全世界黑土地的发展趋势，为赢得全世界黑土地的更好未来，打造新的样板，做出新的示范。

本书共包括四个板块六章内容。第一个板块是前言《黑土如金》，是对本书写作有关情况的说明。第二个板块包括前三章内容，从历史

发展脉络进行分析。其中，第一章对"闯关东"之前黑土地上的自然历史和人类历史进行回顾，并总结了自然演进条件下的人、粮食和黑土地的关系；第二章对"闯关东"以来特别是1949年以后黑土地上的农业发展历史进行了回顾和分析，阐释了黑土粮仓形成的历史过程，总结了需要保障粮食生产条件下的人、粮食和黑土地的关系；第三章对近20年来黑土地上的经济社会发展历史进行了系统分析，着力总结了在黑土地价值发生变化的情况下出现的新情况和新特征，提出了黑土地保护条件下的人、粮食、黑土地三者之间的关系。第三个板块包括第四、五两章内容，从未来发展视角进行探索。其中，第四章从因地制宜发展新质生产力的角度进行了探索，提出了新质生产力条件下的人、粮食、黑土地三者之间的关系；第五章从农业现代化以及建设现代化大农业角度进行了研究，提出了人粮、人地、粮地关系以及要以人为主、融合发展的观点。第四个板块是第六章内容，对前五章提出的观点进行综述，对有关规律进行总结、有关趋势进行判断，对推动人、粮食、黑土地关系协调发展提出有关对策建议。

本书的主要结论是：在人、粮食和黑土地的关系中，"人"是三者关系变化的关键变量，"天"是关系变化的重要因素，"数"是关系变化的协调因素，"治"是关系变化的约束条件，"共"是关系变化的未来方向，"创"是关系变化的重要支撑，"用"是关系变化的控制变量，"融"是关系变化的重要手段，"粮"是关系变化的一致目标，"地"是关系变化的物质约束。在协同三者关系的过程中，要把握五个逻辑，即人的逻辑、技术逻辑、治理逻辑、发展逻辑、实践逻辑。为更好协同三者关系，提出了十个方面建议（三个关注、三个推进、四个用好），即关注人、粮食和黑土地的关系变化，关注黑土地上不同人群的关系变化，关注科技创新引起的可能关系变化；推进东北黑土地向中国黑土地转型升级，推进以粮为纲向以人为纲不断转型，推进产量思维向效益思维不断转型；用好全国统一大市场这一重要平台，用好粮食生产省际横向利益补偿机制，用好人口高素质发展这一重要举措，用好培育新质生产力这一重要动力。

总而言之，本书建议"黑土粮仓"的建设要把人、粮食和黑土地的关系放在核心位置，在具体工作中要把握"五个统一"——让人的数量和人的活力统一起来、粮食产能和粮食产量统一起来、黑土地保护和永续利用统一起来、生态力量和科技力量统一起来、域内力量和域外力量统一起来——形成"黑土粮仓"建设的命运共同体，让创新的力量、民族的力量、国家的力量汇聚到黑土地上，让黑土地为中华民族伟大复兴做出更可持续的贡献。

目　录

第三章 黑土：新时代孕育新力量

第四章 融合：新质生产力新征程

黑土粮仓

颐浩 题

潘晟昱 摄

　　单独地看，人、粮食和黑土地的第一属性是自然属性，第一规律是自然规律。在历史长河中，人、粮食、黑土地的关系，是农业进步，是社会变迁，是文明延续，更是创业史诗。在更加重视高质量发展的新时代，探索人、粮食、黑土地的关系具有重要的时代价值。而回顾人类、粮食在黑土地上的变迁历史，则是研究人、粮食、黑土地关系的起点，是基于历史唯物主义而研究这一关系的必然选择。

第一章

史诗：自然演进的黑土地

第一节　简史·农业的变迁

众所周知，人类和粮食是一种与生俱来的共同体关系。而随着人类规模的壮大和自然采集粮食的有限性，作为人类主动生产粮食的行为——农业，就随之出现了。再之后，从生产到分配到交换到消费，从农业到商业到工业到科技，从部落到农场到城镇到世界，人类逐步加速发展的故事才愈演愈烈。然而，黑土地上的农业变迁过程，却由于各种原因，而历经坎坷并发展缓慢。一直到工业化加速之后，这个变迁过程才开始加速。以中国东北地区为例，人类活动在数十万年前就已经开始了，而一般认为黑土地也就只有一万年历史。如果从人的主观能动性来说，从人类活动早于黑土地的形成来说，是人类活动成就了黑土地，而不是黑土地成就了人类活动。客观地讲，人、粮食、黑土地的关系，能够追溯到四五十万年前黑土地上的人类活动，而这个关系直到如今仍在演化，且还会一直延续下去。

一、先秦时期

《中国东北史》记载，"第一个拉开东北地区远古时代历史帷幕的，是四五十万年前自华北地区翻越燕山，辗转北上……汤河河畔的古人类群体'庙后山人'"。之后到了二三十万年前东北地区"比较有代表性的古人类，还是辽宁营口的'金牛山人'和喀左的'鸽子洞人'"，再后来"从五万年前至一万年前……生活在这个时代里的晚期智人——'青山头人''榆树人''安图人''哈尔滨人''前阳人'等古人类"，则体现出了古人类在中国东北地区"向东、向北大举迁徙"

的态势，由此进入了"东北古人类蓬勃发展的繁荣时代"。在这段历史中，按照关于黑土地形成历史的一般解释，黑土地还没有或者是刚刚进入形成期。原始时期人口较少、人类依赖于畜牧业生存等特征在很大程度上加速了黑土地的成长进程。在约一万年前到大约四千年前，东北地区进入了新石器时代和母系氏族社会全盛期，并分九个区域进入了多元发展时代，如呼伦贝尔草原区"社会经济以畜牧渔猎为主，个别地方有一些原始农业的存在"，松嫩平原地区"以压制石器和渔猎经济为主要特征……是东西两种文化的交融地区"，三江平原地区"经济生活以捕鱼为主，兼营狩猎"，乌苏里江地区"以渔猎为主，……使用打制石器为主，而非压制石器和骨角器"，吉林长春地区"长春市郊各氏族部落的经济是农业兼营渔猎，吉林市郊各氏族部落则是渔猎兼营农业"，中西部地区"扎鲁特旗……成为中西部地区农业文化最古老的源头之一……。距今五六千年，奈曼旗……已经有了比较发达的原始农耕"，西辽河地区"红山文化的各氏族部落原始农耕相当发达，……（富河文化）过着以农业为主，兼营狩猎的定居生活……（小河沿文化）以农为主，兼营狩猎，文化丰富多彩，水平很高"，辽河中游地区"新乐下层文化的居民有着相当发达的原始农业，是我国新石器时代文化的重要发源地之一，与黄河流域的仰韶文化、长江流域的河姆渡文化具有同样重要的历史地位"，辽河南部地区"一批农耕兼营渔猎的原始氏族部落，在这里创造了时代连续、内容丰富、水平较高的原始文化"。在长达几十万年的原始时代，东北地区"适应从刀耕火种耕作制到锄耕的'熟荒耕作制'的发展，原始时代的东北农业劳动者在长期的生产实践中，不断积累劳动经验，改进劳动工具，逐步建立了一个适合农业生产各个环节使用、种类比较齐全的农具系统，从开垦、中耕、收割一直到谷物的加工，各种农业工具几乎应有尽有"①。这说明，在原始时代，即便是黑土地形成时期或者形成之前，东北地区就具有良好的自然条件，适合农业发展，而且"农业与牧业，或者互相结合，或者与渔猎、采集相结合，形成综合性的经济"，形成了具有原始时代特点的大农业观、大食物观。

及至中原地区进入夏商周时代，农牧业和渔猎业同为东北居民生活资料的重要来源，是整个社会生产的基础。东北地区的南北各地都是农牧渔猎各业并存，各种经济所占比重千差万别。是时，农牧渔猎业的主要生产工具仍然是石器，其次为骨、棒、陶等工具，铜器只占很少一部分。但就是这很小一部分，也表明东北地区农业开始跨入了青铜时代。如砍伐和掘土工具出现了斧、锄、铲等采用两面磨刃技术，南山根遗址出现了铜锄、铜镐等铜制农具。这一时期，农牧渔猎业在区域上不断向北扩散，如松花江大曲折附近地区的白金堡文化，有许多农用蚌刀、蚌镰出土，畜牧业较为发达，主要家畜是羊。以西团山文化区为中心的农业区也有了新发展，农业占主导地位，猪的饲养也很广泛。南部沿海居民农业与渔猎并重，从事着农耕、狩猎和捕捞等多种经济活动。考古工作者在郭家村上层房址发现了碳化谷物，证明当时已知种植谷子。当时农牧业最发达的还是辽西地区夏家店下层文化区域，当时居民以农业为主，曾出土有成堆的碳化谷物，经鉴定有粟、稷两种，畜类饲养业很发达，最普遍的是猪、牛，羊次之，狗又次之。

二、秦汉至唐末时期

及至燕秦时期，东北各地区间的经济类型和生产力发展水平很不一致，总体看来，长城以南地区农业所占比重大于畜牧渔猎业，长城

---

① 雪莲、张国强：《红山文化时期的原始农业工具》，《赤峰学院学报（汉文哲学社会科学版）》2011年第9期。

以北地区畜牧渔猎业所占比重大于农业，就生产技术而言，也是南部高于北部。在封建史学家的笔下，包括东北在内的幽州地区，只是以"有枣、栗之利，民虽不佃作，而足于枣栗"的"天府"著称。甚至到了战国后期以至汉初，仍然认为燕地"与赵、代俗相类，而民刁悍少虑，有鱼盐枣栗之饶"。其时，长城以南主要有三个农业区，即以奈曼、敖汉、兴隆等地为代表的西部农业区，以辽阳、鞍山、抚顺等地为代表的中部农业区，以宽甸等地为代表的东部农业区，这些是比较广泛使用铁器的发达农业经济区。长城以北农业经济区主要是以长蛇山、猴石山、西荒山等地为代表的吉长地区，这里是以石制农具为主的原始农业经济。此外，在其余以畜牧和渔猎为主的地区中也都或多或少地存在着一些农业经济。这一时期，东北的农业经济特点主要体现在以长城为界、已使用铁制农具、作物种类单调（主要有粟、黍、稷、菽等），农业经济多与畜牧或渔猎经济结合在一起。

两汉时期，东北地区的农业政策与农业生产水平显著提高。这与汉王朝的重农政策和中原内地先进生产技术的传入是分不开的。如汉武帝时开始推广的屯田政策对于东北的农业发展起到了十分积极的作用，有史料显示，长城沿线以外东北各郡的驻屯士兵大部也兼营屯田。辽阳三道壕的西汉村落遗址可能就是一处屯种士兵的居地，屯种规模相当大。① 东汉时期也实行了类似的屯田政策。总体看来，政府遣兵屯戍、发放罪犯等有组织地开发经营，也吸引了大批中原汉人流入东北地区，为东北农业生产做出了贡献。汉代东北铁农具出土的数量相当大，种类相当齐全，也说明了东北地区农业的进步。如辽阳三道壕一地出土的铁制农业生产工具都是统一由官营手工作坊生产的，它充分反映了汉代政府对农业生产的重视。同时，铁犁和牛耕法的推广、

---

① 柳宁宁：《从考古资料看两汉时期辽海地区的经济发展》，硕士学位论文，渤海大学政治与历史学院，2013，第38页。

耧车在东北地区的应用、积肥粪田提高作物产量、农田灌溉法的应用等，都是东北地区农业得以增产的重要措施。两汉时期，东北地区还引进了适合本地生长的高粱，其特点是耐寒、耐旱，产量较高，十分适于在东北地区种植，对于提高东北地区的粮食产量起到了重要作用。从仓储量上看，西汉柳城郡遗址中发现的圆形粮仓，直径达5米，层高1.75米，可储粮15万斤以上，这也说明了东北地区粮食产量是比较大的，农业发展是比较显著的。

再至魏晋以及南北朝时期，由于汉末中原战乱，导致内地人民大批流入东北，被"躬秉农器，编为四民"，这在一定程度上充实了辽东地区农业劳动力，融合了内地先进农业生产技术。西晋时期，张华都督幽州诸军事时代"频岁丰稔"，继任者唐彬"广农重稼"。之后鲜卑南下，部落成员从游牧转向定居，从畜牧转向农业，通过劫掠、收容等方式获得的新纳人口大都"躬耕于野"。鲜卑慕容部的统治者"教以农桑，法制同于上国"。慕容皝"览封记室之谏……君以黎元为国，黎元以谷为命。然则农者，国之本业"，而后出台一系列农业生产措施，对于辽西区域的开发起到了积极作用。慕容农镇守龙城时代、冯跋据燕时代，使辽西区域农业生产得到了恢复和发展。等到北魏统治时期直到隋朝之前，辽西地区农业发展均处于停滞状态。而在东北北部地区之西侧，南室韦半游牧半定居，略有农业，"田收甚薄"，北室韦、钵室韦"射猎为业"；乌洛侯居民养猪业发达，已有农业，作物"有豆、麦"；地豆于、契丹、库莫奚等仍以游牧为主，盛产"名马文皮"等。东北北部地区之中东侧，夫余"居民多营农业定居生活"，"出名马"，畜牧业发达；夫余后裔豆莫娄族"地宜五谷"，营定居农业生活，牛马等畜牧业占有一定地位；勿吉出现了农业，"有五谷""多畜猪""有粟及麦穄""佃则耦耕"，会"嚼米酿酒"。

等到高句丽时期，特别是从五世纪占据辽河流域大片沃野良田后，农业生产条件得到较大改善。如朱蒙南逃至卒本川，观其土壤肥美而都焉；再如琉璃王迁都国内城，也是因其地宜五谷，为多麋鹿鱼鳖之乡。可见高句丽统治者自始至终把发展农业生产作为立国之本，很注意自然条件对农业生产所带来的影响。每当陨霜杀麦、飞蝗害谷、大旱、洪涝等天灾情况下，采取开仓赈济、救恤孤寡等措施，扶持农业生产的进行，以免遭受更大破坏。高句丽地域主要的农业作物有谷、麦等，谷中包括稻、粟等。当时，"凡中原所有，并适合在高句丽生长的农作物，随时都可引进过来，加以栽培和繁殖"，且"不断有汉人从中原流入高句丽，带来先进的生产技术，其农业生产发展水平与中原地区十分接近"。从生产技术上看，高句丽铁制农具已被广泛使用，尤其是大型铁铧犁的使用，可以实行深耕，使农业生产力水平有了显著提高，收割谷物时已使用铁镰。

唐灭高句丽后，随着靺鞨等部落的崛起，东北地区黑土地上的农业发展又有了新的变化。其中，靺鞨人的农业生产结束了金石并用和相与耦耕方式，代之而兴的是铁器的广泛应用，畜耕已经开始。在靺鞨及渤海遗存中曾出土有铁镰、铁铧、铁铲等铁制农具，既反映了铁器被广泛地用于农业生产，又可看到畜耕的曙光。其形体宽大厚重的铁铧，非人力可挽拉，必以牛马牵引方可为之。所种植的农作物也多种多样，号称"土多粟麦称"，有水稻、桑麻、水果的种植与栽培，呈现出前所未有的发展景象。契丹、奚及室韦等部落，散居于东北地区西北草原地区，主要从事牧业生产，农业生产仍很落后，主要是因"气候多寒，田收甚薄"，仅能种植穄（即糜子）这类早熟、地产作物，耕种技术较落后，仍"斫木为犁，不加金刃，人牵以种，不解用牛"。从养殖业看，契丹与奚以善养马而闻名，其次是牧养牛羊，以供生活需要。室韦与靺鞨的牧业则以养猪为主，食其肉，衣其皮，用其毛。

待渤海建国之后，在"车书本一家"这一特定条件下，内地犁耕技术传入渤海。《贞孝公主墓志》所描绘的送葬情景：一路上"挽郎呜咽，遵阡陌而盘桓"，反映出渤海农田已有大面积垦殖，到处是纵横交织的田间小路，农业生产一派发达景象。在农作物种类和种植技术方面，渤海时期均有增加和提高，卢城之稻和栅城之豉，是渤海名贵的农产品。水果也由野生阶段进入人工栽培阶段，出现了丸都之李与乐游之梨等名产。可见，渤海的农业生产，其耕地有了进一步开发，种植面积扩大，土地资源得到了进一步利用，铁制农具已普遍使用，农产品的种类及产量有所增加和提高，可以称之为东北地区农业开发的一个大时代。这一时期牧业生产仍占有重要地位，特别是在一些边远地区，仍以牧业为经济中的主要生产部门。

三、辽金至明清时期

渤海国后，就到了辽金时期。受契丹民族习惯的影响，东北地区畜牧业得到很大发展。如辽圣宗时期耶律斜轸等讨女直，"所获牲口十余万，马二十余万"，再如《辽史》所记，贡马一项"东丹国岁贡千匹，女直万匹……"都间接展现了东北地区畜牧业发展的盛况。契丹时期还十分重视养牛、养羊，但多为散牧。从农业发展看，辽国时期农业生产实现了向北拓展，包括农业人口和铁制农具的向北拓展，也包括以州县制的方式推动农耕区的向北拓展。待到金国统治时期，由于金国女真统治者来自东北北部，且在发展过程中农业对完颜部落的强大以及在抗辽斗争中发挥了重要的支持作用，金国统治者具有较强的重农思想，完颜阿骨打即皇帝位时，有大臣献耕具并"使陛下毋忘稼穑之艰难"，然后"太祖敬而受之"。之后，俘掠中原汉人、契丹人等迁至金上京地区，实施屯田垦荒政策和受田制度，以行政手段奖励和保护农业生产等，都推动了东北地区中北部特别是黑土地区域的农业发展。有关文献记载，上京各路地广人稀，人均粮食产量较高，因而没有饥荒的风险，于是金国没有在此设置常平仓，这也说明了东北的农业发展进入了新的阶段。

等到蒙古灭金时期，对东北地区的农业发展造成了极大的破坏。

由于元朝并不尚农且统治时间较短，之后明朝对东北中北部的开发也很有限，两朝多以屯田为主，在整个经济社会发展中农业仅次于畜牧业、渔猎业。总体上看，元明两代东北地区中北部（黑土地核心区）的农业发展处于倒退期。明末东北地区进入到明清小冰期的特殊气候时期，之后又是清朝对东北地区的二百余年封禁期。综上，在六百余年时间（约1250—1850年前后），东北地区的农业并未出现较大发展，甚至可以说落后于渤海国、金国统治时期的农业发展水平。一直到清末"闯关东"开始，东北农业才逐步恢复活力（相关内容见第二章）。

第二节　黑土·自然的历程

上一节表明，黑土地上的人在变化，农业活动在变化，但从实际看，黑土地也在变化，只不过这个变化进程十分缓慢。

一、黑土地的自然演化过程

科学家们从19世纪开始，就一直在探索着黑土地的形成过程，包括黑土的概念、特征、形成机制、成土条件、成土过程等等。从黑土定义看，黑土最早是从颜色和地力来辨别的，指的是肥沃黑土层厚度超过一犁深的土壤，几乎包括了黑土、黑钙土、草甸土等所有"黑色"的土壤。有关学者认为，黑土是含有大量无定型腐殖质以及具有典型结构的土壤。我国土壤工作者早期按民间叫法将黑色的土壤称作"黑土"。1963年宋达泉等把黑土从黑钙土中分离出来，使之成为独立的土类且划分出典型黑土、草甸黑土、白浆化黑土和表潜黑土四亚类，把黑钙土分为典型黑钙土、碳酸盐黑钙土、淋溶黑钙土和草甸黑钙土四亚类。1978年我国土壤分类将黑土列入半水成土纲的黑土土类。

1988 年全国第二次土壤普查分类中将黑土归为均腐土土纲的黑土土类。在 1991 年的《中国土壤系统分类》中黑土属于均腐土土纲，湿润均腐土亚纲。从性状来讲，黑土一般具有较深厚的暗色腐殖质层，养分较丰富。从发生学角度来看，中国的黑土在湿润或半湿润地区草原化草甸植被下，具有均腐土质积累和淋溶过程，且呈舌状延伸。总体看，广义的黑土涵盖了所有适宜农耕、具暗色腐殖质表土层的土壤，主要包括黑土、黑钙土、草甸土、白浆土、暗棕壤和棕壤等。狭义的黑土是指在温带半湿润气候草原草甸植被条件下形成的黑色或暗黑色均腐质土壤。① 黑土的总体特征包括土质疏松多孔，结构性较好，腐殖质层大部为粒状和团状结构，腐殖质层深厚，一般为 30cm ～ 70cm，腐殖质以胡敏酸和胡敏素为主，土壤剖面中含黑色铁锰结核，白色二氧化硅粉末以及灰色、黄色斑块和条纹等新生体。全球有四大片黑土区，即密西西比河流域、潘帕斯草原、中国东北地区、乌克兰大平原，四大黑土区环境条件各具特点。

　　成土条件方面。从全球四大黑土区的环境条件可知，黑土的形成主要受气候、地形地貌、植被、成土母质和水文五大自然因素制约，人类活动对其有一定的负面影响。一是气候对黑土形成的影响主要表现在对土壤形成过程中物质的转化、迁移和聚集，以及土壤层次分化和剖面的发育方面。从中国东北地区黑土区和密西西比河流域黑土区年降水量的总规模和时间分布看，充沛的降雨量和较大的气温年较差为黑土的发育提供了保障。二是低海拔、地势较平坦的地区为黑土集中发育所需的水文条件提供了地形保障。密西西比河流域、乌克兰大平原均为广阔的大平原地带，潘帕斯草原地势由内陆向近海缓倾，而中国东北地区三面为低中山环绕，这些均为水分的储备提供了天然条

---

① 张新荣、焦洁钰：《黑土形成与演化研究现状》，《吉林大学学报》（地球科学版）2020 年第 2 期。

件。不同坡向接受阳光的时间长短、冻融时间早晚以及土壤侵蚀程度强弱等差异，直接影响了黑土的形成和肥力状况。三是植被条件表明，杂类草群落每年有大量有机物进入土壤，为微生物提供了能量和营养，在低温、高湿条件下，通过微生物活动转化为土壤腐殖质。四是土壤母质决定和影响了土壤质地、结构、孔隙度和透水性等物理性质。中国东北地区、乌克兰大平原的黑土成土母质主要为砂砾和黄土状黏土，密西西比河流域主要是埋藏的冲、洪积物，冰水堆积物以及黄土状土，潘帕斯草原黑土主要由含砂的黄土状土演化而来，母质较好的储水性为黑土有机质积累提供了条件。五是地下水对黑土的影响较小，黑土水分来源以大气降水为主，属地表湿润淋溶型。六是人类大规模的黑土开垦使黑土由自然生态系统转变为稳定性较低的农田生态系统，抗逆能力逐渐降低。

表 1-1：四大黑土区地理环境对比

	密西西比河流域	潘帕斯草原	乌克兰大平原	中国东北地区
名称	软土（Mollisols）	软土	黑钙土（Chernozems）	黑土
黑土区面积/（$10^6 km^2$）	1.20	0.76	1.90	1.03
纬度位置	29° N—49° N	32° S—38° S	44° N—51° N	38° N—54° N
地形特征	地势平坦，河道宽阔	由西向东缓倾，地表低平坦荡	山脉边缘高地平原，河湖沿岸低地平原	平原及周围漫川漫岗
气候类型	东南部为亚热带季风性湿润气候；其余地区为温带大陆性气候	东部为亚热带季风性湿润气候；西部为温带大陆性气候	以温带大陆性气候为主	温带大陆性季风气候

续表

	密西西比河流域	潘帕斯草原	乌克兰大平原	中国东北地区
植被特点	东南部为常绿阔叶林、阔叶落叶林和混合林等，中东部主要为草地	东部为草原带，西部为疏林与灌木干草原带	从北至南：森林沼泽带、森林草原带和草原带	寒温带落叶针叶林、温带针阔叶混交林、寒温带落叶针叶林
水陆条件	大部在美国中部平原，位于密西西比河流域地区，东西方向均有较高山地	南美中南部，大西洋沿岸、河流富集平原	东欧平原地区，背靠黑海、亚速海	中国东北部，邻近日本海，伸至渤海辽东湾
大气洋流影响	热带海洋气团和极地大陆性气团	福克兰寒流	大西洋暖湿气流	西伯利亚季风和海洋夏季风
土地利用	小麦、玉米、大豆	畜牧业为主	小麦、玉米、大豆、土豆、甜菜	小麦、玉米、大豆、水稻

　　成土过程方面。一是腐殖质积累与分解过程。在湿润的气候条件下，黏重、透水不良的母质易形成上层滞水。上层滞水在植物生长期可提供较多的水分，使植物根系发达、生长繁茂，生物量很高。死亡的植物存于地表和地下，气温骤降、土壤冻结深且延续时间长，残枝落叶等有机质来不及分解，于来年夏季土温升高时发生微生物作用形成腐殖质。在低温、高湿条件下，黑土矿化速率较低，腐殖质大量累积，形成很厚的腐殖质层。腐殖质中的胡敏酸为棕色，胡敏素为黑色，两种主要成分使黑土外观为黑色。二是淋溶与淀积过程。随着生物残体分解和腐殖质的形成，有机质类、养分元素、灰分元素的生物循环量很大，其中的有机胶体、养分和灰分随土壤水分的渗流而淋溶下移至淀积层。中国东北黑土区地形大都是漫川、漫岗地，夏季降水集中，其中一部分形成地表径流，另一部分进入地下，土体内易溶的有机胶体、养分、灰分元素产生淋溶下移，并在淀积层中淀积。

表 1-2：第四纪以来中国东北黑土区气候及植被变化

	年代 / a B.P.	时期	沉积环境	孢粉组合	气候特征	植被类型
全新世	1 100 ~		黑土发育	—	温湿	森林、草甸、干草原
	11 000 ~ 1 100	晚期	泥炭发育滞缓	—	干旱	半干旱草原
		中期	泥炭发育高峰期	松—桦	暖湿	疏林草原
		早期	沙丘活化	—	暖干	风沙干旱、疏林草原
晚更新世	（0.2 ~ 0.011）×10⁶	晚期	松辽分水岭抬升，湖盆→湖泊群；盆地东、南为河流相沉积物；盆地西、西南为马兰黄土、古沙丘	蒿—藜—禾本科	干冷	蒿类禾草（冰缘）草原
		中期		A 松—桦—蒿	温凉半湿润	松桦林草原
				B 松—云杉—卷柏—阴地蕨	冷湿	暗针叶林草原
		早期		蒿—藜—水龙骨	干冷	蒿类草原
中更新世	（0.8 ~ 0.2）×10⁶	晚期	大兴安岭、长白山抬升，松辽盆地下沉；湖盆扩大，沉积了30~70m的湖泊淤泥质黏土	松—桦—柳—禾草类	温和半湿润	阔叶疏林+草原
		中期		松—云杉—藜—禾草类	冷湿（低温期）	暗针叶林+草原
				松—桦—榆—菊	温和半湿润	阔叶疏林草甸草原
		早期		麻黄—柽柳—藜	干冷	南部草原、北部桦林草原

续表

	年代／a B.P.	时期	沉积环境	孢粉组合	气候特征	植被类型
早更新世	$(2.48 \sim 0.8) \times 10^6$	晚期	冲积—洪积平原，湖盆发育；堆积厚度均一的砂岩和砂砾岩，下层灰白色，上层棕红色	云杉—柳—杂草类	温和半湿润	阔叶疏林草原
		中期		桦—蒿—禾草类	温凉半干旱	桦林草原
		早期		蒿—菊—藜	寒冷干旱	疏林草原

演化规律方面。以中国东北黑土区为例，更新世期间新构造运动使沉积地层抬升，冷凉气候、繁茂植物、黏重母质促进了其上深厚腐殖质层的形成，当腐殖质的生成速度超越其分解速度时，肥沃的黑土层就开始不断增厚。所以，中国东北地区的黑土主要发育于黏土层之上，且有机质的分布表现为由南向北逐渐递增的特点。已有研究结果揭示了中国东北主要的 4 个古土壤形成期，即 8500 ～ 6900aB.P.、5500 ～ 4500aB.P.、3500 ～ 2900aB.P. 和 1100aB.P. 以来的成壤期，其中全新世中期的温湿气候更有利于植被和土壤的发育，植被以森林草原和森林草甸草原为主，为腐殖质的形成奠定了物质基础。降水和温度对黑土形成的主要影响在于二者所造成蒸发量的大小，较大的蒸发量对应较小的黑土湿度。气候适宜期曾是黑土形成的重要时期。气候不宜期（如冰期等）则主要形成了沙质沉积。各种自然因素特别是水热条件的不同，使黑土在各种性质上发生分异，从而形成了不同的黑土类型，从而使土壤性质呈现出一定差异和规律特征。受气温和降水量地域性差异影响，从而使土壤有机质含量总体呈现出随纬度变高而逐渐增加的趋势，在一定程度上随降水量的增加而增加。受连续耕作影响，黑土层厚度会出现一定程度的降低，如中国东北黑土区 40% 的

黑土层厚度比开垦前减少 10cm ～ 20cm。[①]

二、黑土地自然演化的三个阶段

黑土地自然演化进程可以分为三个阶段。

（一）早期演化进程（形成期）

黑土地早期自然演化进程中有如下特点：一是气候条件奠定基础。东北地区位于温带季风气候区，具有明显的冷湿特征。这一气候条件为黑土的形成提供了必要的环境背景。冬季严寒而漫长，有效抑制了微生物活动，导致有机物质分解速度减缓。二是植被繁茂为有机物质积累提供了条件，夏秋季节多雨，草甸植被生长旺盛，大量的植物死亡后遗留在地表。这些植物残体在潮湿的环境下，经过长时间的腐败分解，逐渐转化为丰富的腐殖质。这个过程在年复一年的循环中不断累积，是黑土形成的核心环节。三是特殊的草甸化过程加速向黑土演化。随着有机物质的不断累积，地表形成了深厚的黑色腐殖质层。这一过程伴随着特定的草甸植被群落的演替和发展，进一步促进了土壤的有机质富集和结构优化。四是土壤化学性质发生演变。在冷湿气候和周期性冻融作用下，土壤中的盐基元素被淋溶，碳酸盐也逐渐移出，使得土壤呈中性至微酸性。同时，季节性上层滞水引起的铁锰还原和随后的氧化，形成了特征性的铁锰结核，这在黑土的亚表层体现得尤为明显。五是长时间持续性自然累积保障了黑土的形成。黑土层的形成是一个极其缓慢的过程，据估计，形成 1 厘米厚的黑土层可能需要 400 年的积累。这表明黑土是一种珍贵的自然资源，是千百年自然历史的积淀。

[①] 张新荣、焦洁钰：《黑土形成与演化研究现状》，《吉林大学学报（地球科学版）》2020 年第 2 期。

（二）中期演化进程（巩固期）

在黑土地中期自然演化进程中，黑土地继续发展并维持其特性。这一过程具有如下特征：一是维护自然界的生态平衡。随着时间推移，黑土区形成了稳定的生态系统。植被、土壤动物、微生物之间建立了复杂的相互作用关系。土壤中的有机质持续积累，同时，通过土壤生物的分解作用，营养物质得以循环，支持着高度生产力的植被群落。二是优化土壤结构。中期演化进程中的黑土，其物理结构得到进一步优化，形成了良好的团粒结构，这种结构有利于土壤的保水、透气和保肥能力。频繁的冻融循环有助于土壤结构的重新排列，促进大孔隙和小孔隙的合理分布。三是养分循环与积累加速。在中期阶段，土壤中的养分循环变得更加高效。植物根系深入土壤，吸收深层养分，同时通过根系分泌物促进微生物活动，加速了有机质的矿化和腐殖化过程，为土壤提供持续的养分补给。四是适应环境变化。随着气候波动、地形变化和生物群落的自然更替，黑土系统展现出一定的适应性和韧性。例如，面对干旱或洪水等极端气候事件，黑土层的深厚和肥沃能帮助植被快速恢复，维持生态系统的稳定性。五是人为活动初步介入。这里虽然主要讨论的是自然演化进程，但需要指出的是，在历史的某个中期阶段，随着人类活动的开始，如原始农业的出现，对黑土的利用和管理逐渐影响着黑土的自然演变。初期的人类活动可能相对有限，但已开始对黑土的结构和肥力产生微妙的影响。这一阶段的黑土是自然力量与时间共同作用下的杰作，体现了地球生态系统复杂而精妙的平衡。

（三）近期演化进程（开发期）

东北地区黑土地的近期自然演化进程，特别是在近几十年内，受到了自然因素和人为活动双重影响，呈现出一些新的特点，也面临一些新的挑战。一是气候变化影响加剧。全球气候变暖对东北地区黑土地产生了显著影响。气温升高可能导致土壤蒸发量逐渐增大，土壤湿度下降，影响有机质的积累和保存。同时，极端天气事件的增多，如干旱和强降雨，可能破坏土壤结构，加速土壤侵蚀。二是生态环境压力增大。随着人口增长速度加快和经济的高速发展，对黑土地资源的需求增加，过度开垦、连续耕作导致土壤退化，包括有机质含量下降、土壤板结、盐碱化等问题日益严重。此外，农药和化肥的大量使用虽短期内提高了作物产量，但也对土壤生态系统造成了污染。三是生物多样性有所减弱。由于土地利用方式的变化，使得黑土地上的自然植被覆盖率减少，从而影响了原有的生物多样性。由于一些原生植物种类减少，土壤微生物群落结构发生变化，从而影响了土壤的自然肥力维持机制。四是开始实施保护与恢复措施。近年来，针对黑土地退化的严峻形势，政府和社会各界开始重视黑土地的保护与修复工作。实施了诸如休耕轮作、秸秆还田、增施有机肥、保护性耕作等措施，旨在恢复土壤有机质，改善土壤结构，提高土壤质量。五是科学技术因素介入能力增强。现代科技手段，如遥感技术、GIS（地理信息系统）和大数据分析，被应用于黑土地资源的监测与管理，以便更准确地评估土壤健康状况，并及时调整保护策略。东北黑土地的近期自然演化进程是在自然因素与人为干预的共同作用下形成的，同时也迎来了科学管理和可持续利用的新机遇，保护这一珍贵的自然资源，维护其长期生产力，已成为当前的重要任务。

第三节　粮食·文明的基础

人类文明的发展史是一部人类进行实践活动获取物质资料和精神财富的历史，这就决定了人、粮食与黑土地之间，构筑了一段段深刻而紧密的共生故事，它们相互依存，共同书写着以农业文明为开端的人类文明的辉煌篇章。马克思曾在《资本论》中予以粮食较高的地位肯定，指出无论是最为发达的民族还是未曾开化的民族，首要任务皆以保障食物的供给为前提。历史唯物主义文明观指出，从古到今文明的流传皆离不开物质基础的保障，其中保障粮食的安全关系到人类文明的萌芽、兴旺与灭亡。即人类文明的启蒙前提在于以健全的粮食储备为依托，稳定社会发展与促进人们自觉遵守自然与社会的规律，充分发挥个人与集体的想象力，在不同阶段创造出独特的人类文明。以此类推，众多文明的衰落也源于粮食储蓄的匮乏，致使一个国家的社会、经济、文化等各个领域发展失衡。①

在这个文明形态发展过程中，黑土地是生命的摇篮，"春种一粒粟，秋收万颗子"，以其丰饶的恩赐，滋养着一代代农人，也保障了国家的粮食安全；粮食则是生存之基，是社会稳定与繁荣的基石，每一次农业革命都伴随着粮食产量的飞跃，推动社会结构和文明形态的变革；人则是守护者与创造者，一直以来以实际行动回应自然的呼唤，力求在开发利用与生态保护之间找到最佳平衡点。三者之间在长期的发展中形成了共生共荣的关系：保护黑土地，就是保护我们自己的饭碗，就是在助推民族的永续发展；黑土地保护与粮食生产并重，正成为新时代农业发展的新方向。人、粮食与黑土地的关系，是关乎和谐共生、持续发展的重要关系，且创造了继承了伟大的文明。如本章第一节内容所述，早在新石器时代，黑土地就吸引了早期人类的聚居，利用这里的自然资源，开始了原始的农耕生活，种植谷物，驯养牲畜，逐步形成了稳定的农业社会。随着时间的推移，黑土地上的部落逐渐发展，孕育了丰富的地方文化和习俗，为后来的文明奠定了基础。进

---

① 陈静宜、黄小彤：《习近平新时代粮食安全观对人类文明新形态的历史贡献》，《兵团党校学报》2023年第4期。

入封建社会，黑土地成了王朝更迭中重要的经济支撑。尤其是在清朝，由于东北地区的大规模开发，使得黑土地的农业生产达到了新的高度，为清帝国提供了充足的粮食供应。随着人口的增长和边疆的拓展，黑土地上的农业技术也不断进步，灌溉系统、农具改良等措施促进了农业生产力的大幅提升。近现代以来，黑土地经历了前所未有的变化。20世纪初，随着铁路的铺设和移民潮的到来，东北平原迅速转变为中国的"粮仓"，黑土地的农业价值被进一步挖掘。特别是在抗日战争和解放战争期间，黑土地不仅滋养了抗争的人民，也成为战略物资的重要来源。新中国成立后，通过社会主义三大改造，使得黑土地的生产能力得到了前所未有的提升，但同时也面临了过度开垦、土壤退化等挑战。进入21世纪以来，中国政府及社会各界开始采取一系列保护措施。《吉林省黑土地保护条例》等规章的出台，标志着黑土地保护进入了法治化轨道。生态农业、保护性耕作、休耕制度等现代理念和技术的应用，旨在实现黑土地资源的可持续利用，在保障国家粮食安全的同时，也兼顾生态环境的修复与改善。在这一过程中可以看到如下几个特征。

一、粮食生产方式是从游牧文明到定居文明的决定性因素

在游牧文明阶段，人类主要以畜牧业为生，通过饲养牲畜来获取食物和其他生活必需品。这种生活方式的特点是人们需要随着季节和气候的变化，以及草场的丰歉而不断迁移，寻找适合牲畜生存的环境。游牧文明通常发生在草原、沙漠等自然环境较为恶劣的地区，这些地区往往不适合进行大规模的农业生产。

然而，随着农业技术的发展和粮食生产的兴起，人类开始逐渐转向定居生活。粮食生产为人们提供了稳定的食物来源，使得人们可以在一个相对固定的区域内居住下来，从事农业生产和其他经济活动。这一转变不仅提高了人们的生活水平，也促进了社会经济的发展和文

化的繁荣。

可见，从游牧文明到定居文明的历程中，粮食生产发挥了重要的作用。粮食生产为人们提供了稳定的食物来源，使得人们逐渐放弃游牧生活，而转向定居生活。同时，粮食生产也促进了社会经济的发展和文化的繁荣。在粮食生产的发展过程中，人类通过对粮食的生产管理、交换管理、分配管理等，逐渐形成了相应的社会结构、政治制度和价值观念，为人类的文明进步奠定了坚实的基础。

二、粮食在从古代文明到现代文明演进过程中扮演了至关重要的角色

在古代文明时期，无论是古埃及文明、美索不达米亚文明、印度河文明，还是中华文明，粮食都是社会发展和文明进步的基础。这些文明区域的人们开始从事农业生产，种植粮食，以保障食物供应。粮食的充足供应使得人们能够定居下来，从而形成稳定的社会结构，并进一步发展出法律、宗教、艺术和科学等文化成果。进入中世纪，虽然文明发展相对缓慢，但粮食仍然是社会稳定和人口增长的关键因素。在欧洲，封建制度使得农民与土地紧密相连，粮食生产成为封建经济的重要组成部分。同时，随着商业的逐渐复兴和城市的兴起，粮食贸易也逐渐繁荣起来，从而进一步推动了文明的发展。

到了近代文明时期，粮食的作用更加凸显。随着大航海时代的到来，欧洲的殖民扩张和贸易活动使得粮食的供应范围更加广泛。同时，工业革命的发展推动了农业生产技术的革新，提高了粮食产量，满足了日益增长的人口需求。粮食的充足供应为工业化和城市化提供了坚实的物质基础，推动了现代文明的快速发展。但是也要看到，西方国家在推进本国现代化的进程中，各类危机造成了诸多危害世界粮食治理的现象，如1972—1974年，因石油危机引发的全球粮食危机；2008年由一场经济危机爆发而引发的粮食安全危机；2020年左右因

全球疫情、生态环境恶劣、俄乌冲突而引发的粮食安全危机。尽管西方多国一直企图以尖端科技促进粮食产量的增产、联通世界粮食市场以保障本国粮食安全，但以"个人利益"至上的本性，始终刺激着西方国家将经济利益作为优先选择，造成生态环境的持续性污染，进而无法保障粮食安全和食品安全。①

　　在现代文明时期，粮食的重要性依然不言而喻。在全球化和科技发展的推动下，粮食生产已经实现了高度机械化和自动化，大大提高了生产效率。同时，随着人们对健康和营养的认识不断提高，粮食的种类和质量也在不断提升。粮食不仅是人们日常生活的必需品，更是影响国家安全和国际关系的重要因素。

　　总的来说，从古代文明到现代文明的历程中，粮食始终扮演着至关重要的角色。它不仅保障了人们的基本生存需求，还推动了社会经济的发展和文化的繁荣。在未来，随着人口的增长和资源的紧张，粮食问题将更加凸显其重要性。因此，我们应该高度重视粮食问题，加强粮食生产和供应的保障能力，以确保人类社会的长期繁荣和文明的延续。

　　粮食在现代文明中发挥着至关重要的作用。一是粮食是人类生存和发展的基本需求。在现代社会，尽管人们的生活水平不断提高，但粮食仍然是日常生活中不可或缺的一部分。它为人们提供了基本的能量和营养，是维持人体正常生理机能的基础。二是粮食保障了国家安全与社会稳定。粮食的稳定供应是维护国家安全和社会稳定的重要前提。粮食的自给自足是国家发展的基础，只有掌握粮食安全的主动权，才能确保国家的稳定和发展。同时，粮食也是国家储备的重要组成部分，对于应对自然灾害和突发事件具有重要意义。三是粮食为经济发

---

① 陈静宜、黄小彤：《习近平新时代粮食安全观对人类文明新形态的历史贡献》，《兵团党校学报》2023 年第 4 期。

展与就业提供了机会。粮食生产是农业经济的核心，也是现代经济体系中的重要组成部分。粮食产业的发展不仅能够促进农业经济的繁荣，还能够带动相关产业的发展，如食品加工、运输、销售等，为社会提供更多的就业机会和收入来源。四是粮食有利于促进人们重视生态与环境保护。粮食生产也与生态和环境保护密切相关。合理的农业生产方式能够减少对环境的破坏，保护生态环境。同时，粮食作物的种植还能够增加植被覆盖率，改善土壤质量，维护生态平衡。五是粮食融入了文化传承与交流。粮食不仅是物质文明的产物，也是精神文化的重要载体。不同地区的粮食文化和饮食习惯体现了不同的地域特色和民族风情，是人们相互了解和交流的重要桥梁。

三、只有粮食才能保障文明的延续并创造更加辉煌的文明

只有粮食才能保障文明的延续并创造更加辉煌的文明，因为粮食在人类社会和文明发展中具有最重要的基础地位。

粮食是生存之本。粮食是人类生存的基本需求之一。无论在哪个时代，无论文明发展到何种程度，食物都是人类生活的基石。没有足够的的食物供应，人类的基本生存都难以得到保障，更谈不上文明的延续。粮食是社会稳定的基石。粮食的充足供应是社会稳定的重要基石。当粮食短缺时，往往会导致社会动荡、冲突和战争。因此，保障粮食的稳定供应，对于维护社会稳定、避免社会危机，具有至关重要的意义。粮食是发展之基。农业是许多国家经济的重要组成部分，粮食生产直接关系到国家的经济发展。粮食的充足供应不仅能够满足国内需求，还能出口创汇，促进国际贸易。同时，农业的发展还能带动相关产业的发展，如农业机械、化肥、农药等，从而进一步推动经济的繁荣。粮食是文化之载。粮食不仅满足了人们的物质需求，还是文化传承的重要载体。许多国家和地区的饮食文化都与当地的粮食生产密切相关。通过种植、收割、加工、烹饪等过程，人们不仅获得了食物，还传承

了历史、文化和智慧。粮食是持续发展之魂。在全球化和气候变化的背景下，粮食生产面临着前所未有的挑战。只有实现粮食生产的可持续发展，才能确保人类社会的长期繁荣和文明的延续。这包括提高农业生产效率、保护生态环境、推广绿色农业等。

第四节　史诗·弱小的创造

在人类几千年的文明史中，相对于历史而言，人类是弱小的；相对于自然界的伟力而言，人类更是弱小的；相对于黑土地而言，人类也是弱小的。但是，当我们看到史书文献中呈现的"只言片语"以及记载的工具变化，思考着人类在历史长河中或因气候或因战争而披荆斩棘行走在一望无际的荒原上去寻找生存的际遇，又不得不感慨：正是看似弱小的人类创造了历史，创造了黑土地上的历史。人类在黑土地上谱写了一部无奈而辉煌、艰苦并壮丽的史诗。

一、人类以探索征服陌生区域

人类在黑土地上的发展是一个历史过程，尽管无法确认黑土地上的人类是土生土长的，还是自黑土地之外迁入的，但是从点到面的过程是必然的。在这个过程中，人类因好奇而探索，因繁衍和生存而征服，因使用工具而实现目的。这也是人类文明发展初期的过程。

人类因好奇而探索陌生区域。好奇心是人类的天性，从孩童时代起，我们就对未知的世界充满了好奇，想要去探索、去发现、去了解。这种好奇心驱使着人类不断地走出舒适区，去征服那些未知的、陌生的区域。无论是深邃的海洋、广袤的沙漠，还是遥远的星空，都成了人类好奇心的目标。正是这种好奇心，驱动人类从点到面地探索黑土地区域及其价值。

人类因繁衍而走向陌生区域。繁衍是生物的本能，人类也不例外。为了寻找更适宜的生存环境，为了种族的延续，人类只有不断地探索并走向新的区域。在古代，随着人口的增长和资源的枯竭，一些部落或民族不得不迁徙到新的地方，以寻找足够的土地和资源来维持他们的生存和繁衍。这种因繁衍而驱动的探索与征服行为，驱动人类更好、更深地认识了世界，成为人类文明发展的重要动力。

人类因生存而征服陌生区域。生存是人类最基本的需求。为了获取食物、水源和其他生活必需品，人类只有不断地探索并征服那些能够提供这些资源的陌生区域。在古代，人类通过狩猎和采集来获取食物；随着农业的发展，人类开始开垦荒地、种植作物；到了现代，人类更是通过科技的力量，深入海底、攀登高山、穿越沙漠，以寻找和利用那些能够支撑人类生存的资源。

人类因工具而征服陌生区域。工具是人类智慧的结晶，也是人类征服陌生区域的重要武器。从简单的石器、木棍到复杂的机器、电子设备，工具的不断发展和进步，为人类征服陌生区域提供了有力的支持。工具的发明和使用，不仅提高了人类的生产效率和生活质量，更让人类有了足够的力量和勇气去面对那些曾经看似不可征服的陌生区域。

二、人类以行动抵抗气候变化

气候变化是全球性的挑战，从古到今一直影响着人类的活动。从竺可桢曲线可以发现在黑土地上唐宋时期迅速发展的秘密，可以发现明清时期黑土地上封禁的原因。面对这一挑战，人类一直以积极的行动来应对，从迁徙到装备、从合作到存储，人类历史一直在用各种方式来抵抗气候变化的影响。

人类以迁徙来应对气候变化。迁徙是人类应对气候变化的一种古老而有效的方式。在古代，当某个地区的自然环境因气候变化而变得不再适宜居住时，人类就会选择迁徙到新的地方。这种迁徙行为不仅帮助人类逃离了恶劣的环境，还让他们在新的地方找到了更适宜的生存环境。人类通过迁徙，以及在迁徙过程中发生的交易、战争、合作等各种行为，促进了民族和文明的融合，推动了人类的发展与进步。黑土地上的民族交融史很大程度上也是这样形成的。

人类以装备来应对气候变化。除了迁徙，人类还通过改进和发明各种装备来应对气候变化。在寒冷的地区，人类发明了保暖的衣物和建筑，以抵御严寒的侵袭；在炎热的地区，人类则发明了防晒和降温的装备，以适应高温的环境。黑土地上的地窨子以及猪皮衣服都是这种情况。人类还发明了各种农业装备和技术，从石制农具到铁制农具等，以提高农作物的产量和抵御气候灾害的能力。这些装备和技术的发明与使用，让人类具备了更强的适应能力和生存能力，也使人类加速进入以创新求生存的文明时期。

人类以合作来应对气候变化。面对气候变化，人类很早就意识到单打独斗是无法解决问题的。在古代，通过战争和联盟壮大部落实力，增强通过战争或者渔猎获取食物的能力，本身就是应对气候变化、资源短缺的重要方式。到现当代，这种合作主要体现在国家与国家之间、民族与民族之间、地区与地区之间以及个人与个人之间的合作上。依托合作，共同研发新技术、共享资源、共同制定应对策略，让人类在面对气候变化时有了更强的凝聚力和战斗力，也让人类不断向共同体这种文明方式迈进。

人类以存储来应对气候变化。除了迁徙、装备和合作，人类还通过存储来应对气候变化。在气候变化的影响下，一些地区的资源可能会变得稀缺或不稳定，于是他们开始储存食物、水源和其他生活必需品，以应对可能出现的资源短缺局面。这种存储行为不仅可以帮助人类度过短期的资源危机，还可以为他们未来的生存和发展提供有力的保障。通过存储以及存储方式的不断创新和完善，人类可以更好地应对气候变化带来的不确定性和风险。

三、人类以智慧开创现代文明

一直以来，人类都是以自己的智慧，来支撑和引领着自身的发展，并不断地开创了各种区域性文明、民族性文明以及现当代文明。而这些智慧体现在知识传承上、整体智慧上、智慧交融上和智慧应用上。

人类因知识传承而发展。不管是整个人类还是黑土地上的人类，知识的传承从未间断。从古至今，人们通过口耳相传、文字记载等方式，将前人的智慧和经验代代相传，如"满族说部"等。这些宝贵的知识财富，为后人的成长和发展提供了坚实的基础。无论是农耕技术、科学技术还是手工艺，都在黑土地上得到了广泛的传播和应用，推动着人类社会的不断进步。

人类因整体智慧而进步。不管是人类整体还是黑土地上的人类，深知个人的智慧是有限的，而整体的智慧则是无穷的。因此，他们注重集体智慧的发挥，通过团结协作、共同探索，不断突破自身的局限。正是这种整体智慧的力量，让黑土地上的人们在农业、工业、科技等领域取得了举世瞩目的成就，也涌现出了铁人精神、北大荒精神、东北抗联精神等体现整体智慧的精神力量，从而推动着黑土大地之上的社会发展与进步。

人类因智慧交融而创新。不同文化、不同思想的碰撞产生了无数创新的火花，也正是这种碰撞交融，才能够让人们更加敢于质疑传统、勇于探索未知，不断推动着科技、文化、艺术等领域的创新。正是这种智慧碰撞交融的力量，让黑土地上的人们在创新之路上越走越远，为人类文明的发展注入了源源不断的活力。

人类因智慧应用而文明。智慧的应用是黑土地上的人们文明进步的重要标志。他们将智慧转化为实际的生产力，通过科技创新、文化传承、社会治理等方式，不断推动人类文明向前发展。黑土地上的人们在粮食、汽车、卫星等方面取得过多个第一，也还将取得更多的第一。这意味着，黑土地上的人们用智慧创造了丰富的物质财富和精神财富，并将继续用智慧让这片土地成为人类文明的样本。

四、人类以创造走向新的文明

智慧是思想，创造是行动。黑土地上的人们，拥有着非凡的创造精神，并创造了丰富的物质文明和独特的精神文明。正是这种创造精神，引领着黑土地上的人们加速走向新的文明高度。

人类以工具创造而发展。在黑土地上，人们深知工具的重要性。他们通过不断创造和改进工具，在古代创造出更适用于冻土的农具、更适用于渔猎生活的载具，从而提高了生产效率和生活质量。从简单的石器到复杂的机械，从原始的农耕工具到现代科技设备，黑土地上的人们用智慧创造了无数实用的工具，推动着人类社会的快速发展。

人类以文化创造而进步。文化是黑土地上生活的人们丰富的精神世界的凝结。他们通过创造独特的文化形式和内容，丰富了人类的精神财富。回顾高句丽、契丹、渤海以及后金等时代，无论是音乐、舞蹈还是文学、艺术，黑土地上的人们都用自己的智慧和才华创造了无数经典的作品，让人类的文化宝库更加丰富多彩。

人类以模式创造而改变趋势。在黑土地上，人们不仅注重个体的创造，还注重模式的创造。他们通过探索新的社会模式、经济模式、科技模式等，不断改变着人类社会的发展趋势。这些模式的创造和应用，让黑土地上的人们取得了领先的地位，引领着人类社会的未来发展。

人类以强化创造而加速走向未来。面对未来，黑土地上的人们更加坚定了创造的信念。他们通过强化科技创新、文化创新、制度创新等，不断加速着人类社会的未来发展。他们相信，只有不断创造和创新，才能让人类社会更加美好、更加繁荣。

小　结：自然的关系

不难发现，在黑土地上有生产生活活动以来，由于生存条件相对恶劣，人口规模一直不大，即便到1949年黑龙江和吉林两省的人口合计仅有2000万人左右。在这种情况下，人、粮食和黑土地之间的关系可以称之为"自然关系"——包括自然适应关系、自然转化关系、自然演化关系等，这些关系也可以从人粮、人地、粮地三个方面进行总结。

人与粮。从前面的简史看，黑土地上的人们由于生产力的限制，也由于自身生活习惯等因素的影响，千百年来没有把粮食集中在特定的品类上，而是形成了基于原始生产力或者朴素主义"大食物观"——种植业与渔牧林业并存——在人与自然之间形成了自然的平衡。从另一个方面来看人与粮的"自然关系"，就是人们生产或者采集食物以满足自身需求为基础，因为生产过多的食物容易引起其他部落、族群的觊觎、劫掠等。为此，人与粮之间的关系就是以"够吃"为目标的、简单的生产活动。

人与地。在这一过程中的大多数时间里，人们还没有认识到黑土地的特殊性，人与地的关系更多是自然选择的关系，甚至也可以说是气候变化决定了人与地之间的选择：天气冷的时候，黑土地上的部族南下——形成大规模迁移，天气暖的时候黑土地上的人口增加——居住地点增加，等等。洪水、干旱、暴雪等等都是影响人与地关系的重要因素，同时由于地多而人少，在大多数时候形成了人可以相对自由地选择更好的居住地点的结果。为此，人与地之间的关系就是以"宜居"为目标的、简单的生活关系。

粮与地。由于这一阶段人与粮、人与地的关系，在发展进程中并没有形成明确的粮与地之间的关系，人到了哪里就在哪里获得粮食或者食物，粮食生产活动以原始化或者自给自足化为主，土地相对于粮食生产需要具有供给充足化特点等，导致大多数时间里在黑土地上生活的人们没有必要来考虑粮与地的关系。在历史发展的很长时期内，黑土地区域大多位于东北地区古长城以北，即使到了 1949 年前后，还是"棒打狍子瓢舀鱼"的北大荒，而没有被赋予粮食生产的国家责任，自然黑土地也就在原汁原味的自然环境下得到了孕育，为后来成为大国粮仓奠定了历史的、自然的基础。

邱会宁 摄

　　人、粮食、黑土地的结合，最重要的成就就是建成了大国粮仓，实现了从"北大荒"到"北大仓"的变化。这是历史的成就，也是现实的成就；这是国家的成就，也是地方的成就；这是物质文明的成就，也是精神文明的成就。为了这些成就而奋斗的人们，正在走进一个全新的时代。在这个时候，我们需要回望奋斗者们的身影，为在新时代奋斗的我们自己加油。

第二章

粮仓：奋斗者走进新时代

第一节　粮仓·奋斗的历程

　　"黑土粮仓"不是一朝一夕建成的，是黑土地上人们战天斗地、艰苦奋斗的成就，是全国人民群众共同支援、共同努力的成就，是在中国共产党领导下集全国之力、汇全国之智的成就。

一、改革开放前的奋斗历程

　　改革开放前，黑土地从"北大荒"到"北大仓"的奋斗之路，是一个历经上百年的进程。这个进程整体上可以分为两个阶段："闯关东"和"建设北大荒"两个时期。

　　"闯关东"是近代河北、山东等地人民群众迫于生计迁入东北自主开发黑土地的进程，从1840年到1912年前后，东北地区人口从300万人增加到2000万人，到1930年左右增加到3000余万人，就是这一过程的直接体现。其中，1911年前后黑龙江省人口增加到300万，垦熟耕地近4200万亩，粮食产量大致可以达到150万吨；到1930年前后，黑龙江省人口增加到629万，垦熟耕地已达8760万亩，粮食产量大致可以达到600万吨；1911年前后吉林省人口增加到500万，垦熟耕地近5900万亩，粮食产量大致可以达到300万吨以上；到1930年前后吉林省人口增加到810万，垦熟耕地已达6200万亩，粮食产量达到573万吨。电视剧《闯关东》等生动地反映了这一时期的人民群众迁入东北，并在这片黑土地上艰苦奋斗的历程。

　　"建设北大荒"阶段则是新中国成立前后，在中国共产党领导下全国人民主动垦荒、服务全国解放事业和建设大局的过程，这也是黑土地上的人们从传统农耕社会走向现代工业社会的进程。《老兵新传》《北大荒人》《情系北大荒》等影视剧反映了这一过程，"北大荒精神"被纳入2021年9月经党中央批准的第一批中国共产党人精神谱系中，2022年4月经中央领导批准，北大荒精神内涵表述为"自力更生、艰苦创业、勇于开拓、甘于奉献"。从历史演进看，"北大荒精神"源于1947年6月，在共和国诞生前夕最困难的岁月，一批来自延安、南泥湾的军队干部到尚志市一面坡太平沟开荒生产。1955年，八五〇农场老红军、场长余友清带头试验人拉犁开荒。同样是1955年，杨华等北京青年在《中国青年报》头版头条发表了成立青年垦荒队的宣言，此后一年中全国共有14批垦荒队员来到"北大荒"。1958年，十万复转官兵挺进北大荒，成为开发建设北大荒的一支重要力量。在30余年的时间里，包括知识青年、复转官兵等近100万人来到黑土地上。从《黑龙江省统计年鉴》看，从1949年到1979年，黑龙江省人口从约1100万增长到约3200万，人口增速接近10%，其中乡村人口从不足800万人增长到约2000万人；粮食作物播种面积从540.73万公顷增长到738.33万公顷，粮食产量从542万吨增长至1462.5万吨。从《吉林省统计年鉴》看，吉林省人口从约1000万增长到2100多万人，其中农业人口从828万人增长到近1490万人；粮食作物播种面积从416.53万公顷下降到360.00万公顷，粮食产量从449万吨增长至903万吨。黑土地上的人口得到了显著增长，农业农村人口增长的贡献率接近60%。

如表2-1所估计的相关数据，对比"闯关东"时期和"北大荒"建设时期的人口、耕地、粮食产量等数据，可以发现这两个时期农业农村人口年均增速分别为2.17%和2.73%，耕地面积年均增速分别为1.49%和1.60%，粮食产量年均增速分别为3.61%和3.01%，人力投入成为粮食产量增长的重要因素。

表 2-1：1840—1979 年间黑土地上（黑、吉两省）农业发展情况比较

	时间节点	人口	涉农人口	耕地	粮食产量
"闯关东"时期	约 1840 年	约 100 万人	约 80 万人	约 100 万公顷	约 65 万吨
	约 1912 年	约 800 万人	约 560 万人	约 670 万公顷	约 450 万吨
	约 1930 年	约 1450 万人	约 1000 万人	约 1000 万公顷	约 1173 万吨
	1912—1930 年增速	2.23%	2.17%	1.49%	3.61%
	1930—1949 年增速	2.08%	2.65%	0.78%	−0.88%
"北大荒"时期	约 1949 年	约 2100 万人	约 1600 万人	约 1150 万公顷	约 1000 万吨
	约 1979 年	约 5300 万人	约 3490 万人	约 1820 万公顷	约 2360 万吨
	1949—1979 年增速	3.24%	2.73%	1.60%	3.01%

注：本表为作者根据有关资料的估算结果。

二、改革开放后的奋斗历程

1978 年改革开放以来，黑土地上的人民群众在"北大荒"建设的基础上，继续着粮仓建设的奋斗之路。从吉林省粮食播种面积看，从 1979 年至 1999 年间长期保持在 360 万公顷左右，从 2000 年至今，从 383.37 万公顷增长到 578.50 万公顷。黑龙江则从 1979 年至 1997 年间长期保持在 700 至 800 万公顷之间，从 1998 年至今，从 808.89 万公顷增长到 1468.32 万公顷。通过粮食播种面积可以看出，自 2000 年前后至今，黑土地上的耕地建设进入了一个新的扩张期。我们对黑龙江省、吉林省两个黑土地上的主要省份，就 1978—2022 年期间粮食产量（P）与农业人口（L）、粮食播种面积（S）、全国人均 GDP（G）、本省人均 GDP（GL）之间的增长关系分两个阶段进行了回归分析，来探寻黑土地上粮仓建设的主要驱动力量。

（一）关于黑龙江省的分析

表 2-2：1978—2022 年黑龙江省粮食生产有关数据

年度	粮食产量（P）（万吨）	农业人口（L）（万人）	粮食播种面积（S）（万公顷）	全国人均GDP（G）（元）	本省人均GDP（GL）（元）
1978 年	1500	2007	765	385	546
1979 年	1463	1987	738	409	553
1980 年	1462	1971	732	435	599
1981 年	1250	1964	728	452	612
1982 年	1150	1972	709	485	642
1983 年	1549	1949	724	530	691
1984 年	1758	1933	736	603	757
1985 年	1405	1917	722	674	791
1986 年	1776	1900	572	724	807
1987 年	1738	1888	741	795	865
1988 年	1768	1876	689	870	911
1989 年	1669	1864	726	893	955
1990 年	2313	1844	742	914	1006
1991 年	2164	1822	743	985	1054
1992 年	2366	1799	735	1112	1109
1993 年	2391	1774	756	1252	1177
1994 年	2579	1747	750	1399	1262
1995 年	2593	1715	750	1536	1365
1996 年	3047	1721	780	1672	1490
1997 年	3105	1729	800	1807	1620
1998 年	3009	1736	808	1930	1732
1999 年	3075	1737	810	2059	1844

续表

年度	粮食产量（P）（万吨）	农业人口（L）（万人）	粮食播种面积（S）（万公顷）	全国人均GDP（G）（元）	本省人均GDP（GL）（元）
2000 年	2546	1830	785	2216	1977
2001 年	2652	1815	796	2384	2147
2002 年	2941	1809	783	2584	2357
2003 年	2512	1809	786	2827	2588
2004 年	3135	1802	822	3096	2855
2005 年	3600	1792	989	3427	3155
2006 年	3780	1778	1053	3842	3480
2007 年	3881	1763	1118	4364	3821
2008 年	4627	1706	1147	4762	4214
2009 年	4789	1703	1212	5185	4640
2010 年	5633	1703	1245	5709	5178
2011 年	6213	1646	1283	6223	5774
2012 年	6599	1606	1321	6665	6369
2013 年	7055	1538	1358	7138	6954
2014 年	7404	1471	1397	7623	7441
2015 年	7616	1395	1428	8111	7999
2016 年	7416	1348	1420	8614	8527
2017 年	7410	1295	1415	9157	9209
2018 年	7507	1216	1421	9734	9817
2019 年	7503	1152	1434	10279	10426
2020 年	7541	1091	1444	10484	10771
2021 年	7868	1072	1455	11365	11665
2022 年	7763	1047	1468	11706	12120

依托表 2-2 数据，通过取对数再回归的方式，可以得到：

1978—2000 年间：

LnP=−4.63329LnL+0.06990LnS−0.78428LnG+1.25001LnGL+38.72298

2000−2022 年间：

LnP=0.69974LnL+1.10950LnS−2.15333LnG+2.45553LnGL−6.89588

尽管有些回归参数很难达到预期效果，但就这两个回归结果而言，至少有五点结论可供参考。一是从常数项来看，也可以说是未考虑因素影响的程度有所缩小；二是就本地发展对粮食生产的支撑来看，其系数明显增大；三是就耕地面积对粮食生产的支撑能力来看，其系数明显增大；四是就农村人口对粮食生产的支撑能力看，其系数由负转正，这也说明了农村人口变化趋势的影响；五是全国经济发展对粮食生产的影响是负向增大的。

（二）关于吉林省的分析

表 2-3：1978—2022 年吉林省粮食生产有关数据

年度	粮食产量（P）（万吨）	农业人口（L）（万人）	粮食播种面积（S）（万公顷）	全国人均GDP（G）（元）	本省人均GDP（GL）（元）
1978 年	915	1490	360	385	381
1979 年	903	1483	360	409	396
1980 年	860	1487	352	435	417
1981 年	922	1485	351	452	436
1982 年	1000	1494	356	485	465
1983 年	1478	1487	359	530	561
1984 年	1635	1482	350	603	627
1985 年	1225	1461	328	674	666
1986 年	1398	1458	347	724	710

续表

年度	粮食产量（P）（万吨）	农业人口（L）（万人）	粮食播种面积（S）（万公顷）	全国人均GDP（G）（元）	本省人均GDP（GL）（元）
1987 年	1676	1453	349	795	837
1988 年	1693	1449	342	870	962
1989 年	1351	1465	343	893	926
1990 年	2047	1488	353	914	941
1991 年	1899	1494	354	985	985
1992 年	1840	1489	354	1112	1097
1993 年	1901	1475	353	1252	1225
1994 年	2016	1465	357	1399	1333
1995 年	1992	1473	358	1536	1452
1996 年	2327	1485	362	1672	1636
1997 年	1808	1484	359	1807	1772
1998 年	2506	1480	357	1930	1921
1999 年	2306	1484	351	2059	2078
2000 年	1638	1484	336	2216	2253
2001 年	1953	1482	336	2384	2397
2002 年	2215	1472	404	2584	2557
2003 年	2260	1463	401	2827	2785
2004 年	2510	1460	431	3096	3030
2005 年	2581	1463	429	3427	3285
2006 年	2720	1471	433	3842	3630
2007 年	2438	1480	447	4364	4040
2008 年	2896	1486	456	4762	4512
2009 年	2479	1493	456	5185	4968
2010 年	2791	1482	468	5709	5470

年度	粮食产量 （P）（万吨）	农业人口 （L）（万人）	粮食播种面积 （S）（万公顷）	全国人均 GDP（G） （元）	本省人均 GDP（GL） （元）
2011 年	3232	1417	477	6223	6061
2012 年	3450	1435	489	6665	6661
2013 年	3763	1420	513	7138	7307
2014 年	3800	1424	541	7623	7855
2015 年	3974	1373	553	8111	8421
2016 年	4151	1342	554	8614	9103
2017 年	4154	1319	554	9157	9740
2018 年	3633	1325	560	9734	10334
2019 年	3878	1322	564	10279	10809
2020 年	3803	1311	568	10484	11253
2021 年	4039	1302	572	11365	12175
2022 年	4081	1298	579	11706	12078

依托表 2-3 数据，通过取对数再回归的方式，可以得到：

1978—2000 年间：

$$LnP = -3.55429LnL + 3.90675LnS - 1.88819LnG + 2.39532LnGL + 6.93187$$

2000—2022 年间：

$$LnP = 0.49853LnL + 1.46065LnS - 0.62546LnG + 0.67933LnGL - 5.07382$$

尽管有些回归参数很难达到预期效果，但就这两个回归结果而言，至少有五点结论可供参考。一是从常数项来看，对吉林省而言，本文未考虑因素影响的程度有所缩小，但变化不大；二是就本地发展对粮食生产的支撑来看，其系数明显减小；三是就耕地面积对粮食生产的支撑能力来看，其系数明显减小；四是就农村人口对粮食生产的支撑能力看，其系数由负转正，这也说明了农村人口变化趋势的影响；五是全国经济发展对粮食生产的影响是负向缩小的。

（三）两省加总分析

对表 2-2、表 2-3 相关数据加总后，通过取对数再回归的方式，可以得到：

1978—2000 年间：

$$LnP=-11.67227LnL+0.10004LnS-2.73968LnG+3.26345LnGL+98.41542$$

2000—2022 年间：

$$LnP=1.38431LnL+0.88322LnS-2.26967LnG+2.66961LnGL-11.96823$$

总体上看，从 1978—2022 年，黑土地上粮食生产的模式发生了重大的变化，这些变化与人口的变化、土地开发程度以及区域经济发展等是分不开的。三对关系式总体上都表明：全国经济发展对黑土地上的粮食生产是起负向作用的；本地经济发展则是起正向作用的；耕地面积的正向作用整体上是增强的；乡村人口数量对粮食生产的作用是由负转正的。

三、粮仓建设之奋斗成就

很多公开报道反映了"黑土粮仓"建设成就。如 2024 年的一篇新闻报道指出，"2023 年吉林粮食产量再创新高，增产 21.1 亿斤，占全国增量的 11.9%；粮食平均亩产 958.2 斤，居全国粮食主产省第 1 位，3700 万亩保护性耕作面积稳居全国第一位"的成就，指出了"2024 年吉林将建设高标准农田 1000 万亩，力争粮食产量达到 880 亿斤以上"的任务，总结了过去一年黑土地保护和耕地质量提升协同并进，实施"黑土粮仓"科技会战全链条探索，完善黑土地保护技术路径及主推模式、稳固粮食安全根基的经验。2023 年吉林省全面启动"千亿斤粮食"产能建设工程，用良种、强农机、推技术、防旱涝，农业科技和装备支撑强劲，种业振兴行动取得阶段性成效，农作物耕种收综合机械化率达到94%，首次筛选出耐密突破性品种41个、耐盐碱品种47个；高产竞赛中8个玉米品种亩产"超吨粮"；全省建设粮油作物绿色高产高效行动县30个，在16个县建设高产示范区25个，农林牧渔业总产值3128.02亿元，玉米、水稻、杂粮杂豆、果蔬等"十大产业集群"建设稳步推进，创建国家级现代农业产业园9个、优势特色产业集群5个、农业产业强镇38个。

2023年末，黑龙江省举行"全面落实党的二十大精神 奋力开创黑龙江高质量发展可持续振兴新局面"系列主题新闻发布会（第十场）——"推进农业农村现代化，当好国家粮食安全'压舱石'"。专题新闻发布会展示了黑龙江省"黑土粮仓"建设成就。具体包括：（1）把多种粮、种好粮作为首要担当，粮食生产再夺丰收。启动实施千万吨粮食增产计划，坚持良田、良种、良机、良技、良制"五良"协同，深入实施"藏粮于地、藏粮于技"战略，毫不放松抓好粮食生产，克服局地洪涝等影响，粮食生产实现"二十连丰"，全省粮食播种面积2.21亿亩，产量1557.64亿斤，连续6年稳定在1500亿斤以上，连续14年居全国首位。（2）抓住耕地和种子"两个要害"，深入实施种业振兴五大行动，建成全国最大寒地作物种质资源库，支持北大荒垦丰种业生物育种平台建设，推进国家黑龙江大豆种子基地和19个国家制种大县及区域性良种繁育基地建设，良种对粮食增产贡献率达到45%以上。扎实推进黑土地保护工程，大力推广"龙江模式"和"三江模式"，全面落实"5+2"七级田长制，持续打好"黑土粮仓"科技会战，累计建成高标准农田超亿亩，规模全国最大。（3）打造践行大食物观实践地，重要农产品供给保障能力持续提升。加快发展现代畜牧业，实施基础母牛扩群提质等15项产业扶持政策，出台奶业生产意见，建成全国最大纯种和牛生产基地，持续保持全国最大奶粉和婴幼儿配方乳粉生产基地优势，乳制品加工能力、婴幼儿配方奶粉产量稳居全国首位。实施冷水渔业振兴行动，组织开展春育、夏放、秋捞、冬捕等四季衔接系列渔事活动，叫响龙江冷水鱼品牌。实施设施农业现代化提升行动。黑木耳产量领跑全国，多元化食物供给能力得到提高。（4）现代农业质量效益和竞争力持续增强。高端智能农机装备研发制造推广应用先导区获国家批复，全省农作物耕种收综合机械化率保持在98%以上，稳居全国第一。植保无人机保有量达3.1万台、开展飞防作业面积4.6亿亩次，均居全国首位。新创建4个国家农业绿色发展先行区，绿色食品有机农产品认证面积预计达到9400万亩，继续保持全国第一。实施农产品质量安全整省创建，省级食用农产品例行监测合格率连续7年稳定在98%以上。全面构建"1141"农业品牌体系，378家企业、923款产品获得"黑土优品"标识授权。（5）坚持"粮头食尾""农头工尾"，农产品加工业持续壮大。打造雪花肉牛、白鹅等6个优势特色产业集群，覆盖全省50%的县（市、区），累计建设国家级产业强镇69个、全国"一村一品"示范村镇109个。成功举办全国首届大豆产业博览会，全省农业招商新签约利用内资项目和合同金额大幅增长。（6）促进农民共富行动持续推进，深入学习运用"千万工程"经验，全力抓好农村人居环境"4+2"整治提升，实施"百村精品、千村示范、万村创建"行动，创建全国休闲农业重点县2个、国家级美丽宜居村庄创建示范村7个，和美乡村龙江画卷徐徐展开。深化农村重点领域改革，国家批复黑龙江为农村产权流转交易规范化试点省份，深化新型经营主体提升行动，开展农业生产托管服务整省推进，实施"农垦社会化服务＋地方"行动，全程托管服务面积达到4358万亩。

从国家层面和中长期发展看，诚如习近平总书记所言，"对我们这样一个有着14多亿人口的大国来说，农业基础地位任何时候都不能忽视和削弱，手中有粮、心中不慌在任何时候都是真理。"黑土地作为大国粮仓的重要组成部分，从产量方面看，数量增长、贡献额度、支撑发展能力都是极为显著的。1949—1989年的41年间，可以视为黑土粮仓粮食产量增长的第一阶段。这一阶段黑土地上的粮食产量增速总体上低于全国粮食产量增速。具体看，1989 年全国粮食年产量是1949 年的 3.6 倍，黑吉两省粮食产量是 1949 年的 3 倍，而且在这 40余年时间里，黑吉两省粮食产量占全国粮食产量比重大多数时间低于9%，最低的时候只有 6.1%。1990—2005 年的 16 年间，可以视为黑土粮仓粮食产量增长的第二阶段。这一阶段，黑吉两省粮食产量从 1989年时的 2973 万吨增长到 5673 万吨，占全国的比重从稳定在 9% 以上增长到接近 12%。2006 年至今可以视为黑土粮仓粮食增长的第三阶段，黑吉两省粮食产量从 2005 年时的 5673 万吨增长到 11975 万吨，占全国的比重从 11.7% 增长到 17.2%。黑吉两省粮食产量从 1949—1950 年时的 1000 万吨增长到 2000 万吨，花费了约 17 年时间（1967 年达到了 2011 万吨），稳定在 2000 万吨以上则花费了 23 年时间（1973 年后稳定在 2000 万吨以上）；从稳定在 2000 万吨以上到稳定在 3000 万吨以上花费了 13 年时间（1986 年后稳定在 3000 万吨以上）；再到稳定在 4000 万吨以上花费了 4 年时间（1990 年以后）；到 5000 万吨以上花费了 8 年时间（1998 年以后）；稳定在 6000 万吨以上花费了 8年时间（2006 年以后）；稳定在 7000 万吨以上花费了 2 年时间（2008年），2009 年、2010 年分别突破了 8000 万吨和 9000 万吨，到 2011年以后稳定在 1 亿吨以上，2014 年以后稳定在 1.1 亿吨以上，到 2023年已经接近 1.2 亿吨（11975 万吨）。这些数据充分说明了"黑土粮仓"在中国粮食生产方面的支撑作用，进而也为全国的经济社会发展做出了巨大的贡献。

第二节　粮仓·综合的实力

"黑土粮仓"底色是绿色，内容是粮食，但真正支撑起来的是东北区域的经济社会综合发展，是新时代推动东北全面振兴的总目标。从2024年黑龙江、吉林两省政府工作报告看，粮仓的综合实力还是不容小觑的。

一、黑龙江省的综合发展情况

（一）现代化产业体系加快构建

深入实施产业振兴计划，加快建设"4567"现代产业体系，规上制造业增加值占规上工业比重同比提高1.4个百分点，高技术制造业增加值同比增长12.3%，高于全国9.6个百分点。经济发展新引擎亮点纷呈，集成电路碳化硅衬底等实现量产，达到国内领先水平，博实股份炉前操作机器人等关键技术实现突破，思哲睿手术机器人实现国产化替代，哈兽研和石药集团联合研制新型疫苗填补国内空白，创意设计产业加快发展，黑龙江获批国家标准化创新发展试点和全国首批数字化转型贯标试点省。战略性新兴产业加速成长，电子信息制造业、高端智能农机装备产业产值分别增长11.7%和14.1%，五矿石墨全球领先的球形项目试车投产，"龙江三号"试验卫星成功发射，绥化天有为汽车数字仪表国内市场占有率达到20%，成为全国最大生产基地。传统产业数字化、网络化、智能化改造加快推进，中航哈轴高端轴承等120个项目投产。

（二）农业现代化水平持续提升

坚持把多种粮、种好粮作为头等大事，全面完成稳粮稳豆任务，有效应对局地洪涝灾害，粮食生产实现"二十连丰"，2023年总产量达到1557.6亿斤，占全国11.2%，连续14年居全国第一。大力发展科技农业、绿色农业、质量农业、品牌农业，常规粳稻和大豆自主选育品种达到100%，农业科技进步贡献率达到70.3%，获批国家大型大马力高端智能农机装备研发制造推广应用先导区；绿色有机食品认证面积9400万亩，保持全国第一，建成高标准农田868.6万亩，累计建成面积达1.08亿亩，规模全国最大；"黑土优品""九珍十八品"品牌走向全国，"北大荒"居中国农业类品牌前列。制定实施农产品加工业高质量发展三年行动计划和配套政策，规上农产品加工企业增加261家，总数达到2190家。开展大食物观供给保障攻坚行动，肉蛋奶和水产品产量创历史新高，奶粉和婴幼儿配方奶粉产量均保持全国第一。扎实推进巩固拓展脱贫攻坚成果，同乡村振兴有效衔接，"三保障"和饮水安全问题始终动态清零，脱贫人口人均收入稳步增长。实施"百村精品、千村示范、万村创建"行动，创建国家乡村振兴示范县4个，打造全国休闲农业重点县2个、全国乡村治理示范乡镇示范村33个。

（三）内需潜力有效激发

开展产业项目建设年活动，建设产业项目2312个，其中亿元以上项目859个，龙江化工聚碳酸酯等901个项目建成。基础设施建设加快推进，粮食产能提升重大水利工程开工建设，综合交通基础设施投资同比增长10.6%，哈绥铁伊高铁全线开工建设，高速公路里程突破5000公里，哈尔滨机场二期扩建工程加速推进，国际客运航线数量居东北地区首位。招商引资力度持续加大，出台产业招商扶持政策96项，成功举办哈洽会、中俄博览会、新博会、绿博会、深化央地合作座谈会等活动，累计签约项目510个，签约总额4865.9亿元。千万元及以上项目利用内资 3603.3 亿元，同比增长 21.1%。消费市场加快恢复，社会消费品零售总额增长 8.1%，全年各月累计增速均高于全国。交通运输总周转量增速连续 12 个月高于全国。快递业务量增长 30%，增速高于全国 10 个百分点。开展促消费活动 500 多场，发放政府消费券 6 亿元，带动消费 120 亿元。出台旅游业高质量发展规划、特色文化旅游实施方案，制定实施释放旅游消费潜力 50 条、加快发展边境特色旅游 20 条等措施，成功举办第五届旅发大会、第 36 届"中国·哈尔滨之夏"音乐会等重大文旅活动，开展旅游业治理专项行动，夏季避暑和冬季冰雪旅游两个"百日行动"成效显著。哈尔滨冰雪旅游火爆出圈，哈尔滨机场旅客年吞吐量达 2080.5 万人次，创历史新高，居东北地区之首，黑龙江省成为最热门冰雪旅游目的地，全年接待游客数量、旅游收入分别增长 85.1% 和 213.8%。

（四）科技创新活力持续释放

出台创新龙江建设意见和创新发展 60 条政策，省级科技专项资金投入同比增长 20%。支持揭榜挂帅项目榜单 32 个，哈工大空间环境地面模拟装置试运行。创新平台建设加快推进，全国重点实验室由 7 家增加到 12 家，5 个国家级企业技术中心获批，新增 3 个国家级科技企业孵化器，哈大齐国家自主创新示范区、佳木斯国家农业高新技术产业示范区建设稳步推进。实施科技成果产业化专项行动，创建哈工大先进技术研究院，哈尔滨科技大市场投入运营，开展科技成果路演推介对接活动 202 场，转化重大科技成果 589 项。深入实施新一轮科技型企业 3 年行动计划，净增高新技术企业 825 家，增长 22.9%。新当选两院院士 2 人，高校高级职称人才由净流出转为净流入，全省高校毕业生留省就业人数为近 5 年最高水平。实施"技能龙江行动"，开展职业技能培训 30.4 万人次，培养重点产业技能人才 6 万多人。

（五）改革开放不断深化

启动国有企业改革深化提升行动，地方国有企业营业收入和利润稳步增长。制定《黑龙江省民营经济发展促进条例》，落实促进民营经济发展壮大政策措施，在全国首批开展个转企登记改革试点，落实减税降费等助企纾困政策，全省新增减税降费及退税缓费超过 260 亿元，新登记企业增长 14%。外商投资环境不断优化，投资经营便利化水平持续提升。深入实施优化营商环境三年专项行动，营商环境进一步改善，对标全国先进水平，一级指标实现零的突破、达到 11 个，二级指标增加 45 个、达到 61 个，政务服务效能提升典型案例全国推广。数字政府建成 46 个应用平台，形成 28 项共性支撑能力，汇聚数据超过 1700 亿条，高效智慧便捷服务能力显著提升。实施省以下财政体制改革，深化税收征管改革，在东北地区实现跨省异地电子缴税。推进中小金融机构改革化险，稳妥处置化解地方政府债务、房地产等领域风险，牢牢守住不发生区域性系统性风险底线。省征信服务平台上线运行，入驻金融机构 26 家。启动实施集体林权制度改革。深化国防动员体制改革。实施新时代促进高水平开放发展方案，外贸进出口总额同比增长 12.3%，其中出口增长 39.4%，增速分别位居全国第 6 位和第 3 位。出台"买全俄卖全国、买全国卖全俄"实施方案，对俄进出口总额增长 13.5%，其中对俄出口增长 67.1%。稳步推进自由贸易试验区、综合保税区等开放平台建设。实施绥芬河口岸运力提升、黑河口岸大桥畅通、同江口岸设施升级行动，全省口岸货运量、进出境旅客人数分别增长 17.5% 和 709.2%。黑瞎子岛公路口岸设置方案获批。跨境电商贸易额增长 144.2%。实际利用外资增长 11.8%，增速高于全国平均水平 25.4 个百分点，新设立外商投资企业 241 家，增长 68.5%。

（六）绿色发展优势持续巩固

聚焦打造"绿水青山就是金山银山，冰天雪地也是金山银山"实践基地，打好污染防治攻坚战，空气质量优良天数比例优于全国平均水平；国控断面优良水体比例再创历史新高，松花江流域优良水体比例首次超过80%，全面完成中央环保督察年度整改任务，在国务院最严格水资源管理制度考核中被评为优秀等次，河湖长制工作连续4年获得国务院激励；全省土壤信息平台上线运行，农业面源污染有效控制。全省营造林129.45万亩，修复治理草原36.1万亩、退化湿地1万亩。推进绿色低碳转型，碳达峰碳中和工作稳步推进，黑河市、哈尔滨经济技术开发区入选全国首批碳达峰试点，小兴安岭—三江平原山水林田湖草保护修复工程试点建设全面完成；新能源和可再生能源建成装机历史性超过煤电，占电力总装机52.4%。

（七）民生保障扎实有力

财政民生支出占一般公共预算支出85.6%。实施稳就业促发展惠民生21条举措，城镇新增就业35.7万人，完成年度计划119.1%，城镇调查失业率均值为有调查记录以来最低水平。基本医保待遇水平稳步提升，退休人员基本养老金持续提高并按时足额发放。工伤保险、失业保险实现省级统筹，提前完成"十四五"规划目标。城乡低保保障水平持续提升。小学、初中学校年生均公用经费基准定额补助标准分别由650元、850元提高到720元、940元，城乡中小学校生均取暖费补助标准由260元提高到370元，支持省属高校"双一流"建设，职业教育改革获国务院表彰激励。国家呼吸区域医疗中心、国家中医（肿瘤）区域医疗中心等项目开工建设。基本养老服务体系进一步完善，3岁以下婴幼儿托位总数同比增长47.7%。开工改造棚户区、老旧小区、农村危房36.8万户（套），更新改造供热老旧管网549公里、燃气老化管网1305公里、供水管网670公里、污水管网1545公里。军民合力夺取抗洪抢险胜利，制定实施"1+32"灾后恢复重建方案，受灾地区电力、通信等服务功能恢复到灾前水平，损毁房屋、道路、水利恢复重建年度任务全部完成，确保群众温暖过冬。积极推进中国—上海合作组织冰雪体育示范区建设，哈尔滨成功申办第九届亚冬会。生产安全事故起数、死亡人数分别下降12.3%和1.7%。森林草原防灭火实现"三个不发生"目标。食品安全工作连续6年在国务院食安委评议考核中获A级等次。在全国率先出台《黑龙江省调解条例》，加强社会治安综合治理，社会大局保持和谐稳定。

二、吉林省的综合发展情况

（一）经济运行稳中有进、稳中向好

扶优育强稳定工业运行，出台稳工业政策措施，支持企业稳产量、扩产能、拓市场，规模以上工业增加值增长6.8%，高于全国2.2个百分点。重点产业增长强劲，汽车、装备制造、电子信息、冶金建材产业增加值分别增长11.4%、12.5%、47.8%、21.9%。全力攻坚项目扩大有效投资，狠抓投资强度、施工进度、竣工投产，实施重大项目2580个，开复工百亿级以上重点项目15个，固定资产投资增长0.3%，其中，亿元以上项目投资增长7.9%，高技术制造业投资增长7%。一批标志性、引领性重大项目顺利推进，奥迪一汽新能源汽车项目五大主要生产车间全面进入试生产，一汽弗迪新能源动力电池项目建成投产，一汽红旗国悦豪华礼宾中巴车正式批量投放市场。吉林水网骨干一期工程全面开工建设，沈白高铁、长春都市圈环线、沿边开放旅游大通道、长春龙嘉国际机场三期、延吉机场迁建等项目取得重大进展。建成集安至桓仁、大蒲柴河至烟筒山2条高速公路249公里，桦甸结束不通高速历史。深挖潜能促进消费，充分利用疫后消费集中释放窗口期，打出促消费政策组合拳，精准发放消费券，举办汽博会、农博

会、雪博会、房交会、航空展等活动，全力恢复扩大消费。社会消费品零售总额增长9%，高于全国1.8个百分点，增速居全国第9位。服务业增加值增长6.9%，对经济增长贡献率达到58.2%。商品房销售面积增长5.6%，高于全国14.1个百分点，居全国第8位。启动实施旅游万亿级产业攻坚行动，坚持全域四季联动、冰雪避暑互动，推动旅游市场加快回暖，全年接待游客3.14亿人次，旅游收入5277亿元，达到历史最高水平。长春龙嘉国际机场航班量、旅客量恢复率均位列国内千万级机场第1位。抢抓机遇稳外资稳外贸，符拉迪沃斯托克（海参崴）港成为新的内贸货物跨境运输中转口岸并实现通航，"长珲欧"货运班列常态化运营，"长满欧"国际冷链货运班列正式开通，首开"长同欧"班列。进出口总额1679.1亿元，增长7.7%，总量创历史新高，增速居全国第9位，其中出口增长24.9%，增速居全国第5位。跨境电商进出口增长88.9%，成为外贸新增长点。新增进出口企业备案1332家，增长57.6%，创五年来新高。实际利用外资增长23.23%。

（二）产业转型升级加快、提质增效

实施先进制造业集群梯次培育行动，推动传统制造业数字化、网络化、智能化改造，具有吉林特色优势的产业体系加快形成。汽车产业集群稳步"上台阶"。着力打好生产销售攻坚战，发挥龙头企业关键作用，一汽集团省属口径产销量分别完成156万辆和157万辆，分别增长16.7%、17.6%；红旗品牌汽车销量35.1万辆，增长13.1%；新能源汽车产销量分别增长43.2%、62.7%；整车出口量增长158.3%；实施电动公务用车更新计划，长春市入选国家首批公共领域车辆全面电动化先行区试点城市。石化新材料产业持续"减油增化"。吉化120万吨乙烯转型升级项目24套主要工艺装置开工建设。吉林化纤入选全国"创建世界一流专精特新示范企业"名单，6万吨碳纤维项目部分产线进入设备安装阶段。碳纤维产量增长38.3%。

装备制造产业成效显著。中车长客复兴号亚运智能动车组圆满完成运营保障，时速 200 公里以上高速动车组成功出口欧洲，时速 600 公里高速磁浮列车完成首次悬浮运行。长光卫星累计承制并成功发射卫星 162 颗，其中在轨运行"吉林一号"卫星 108 颗，建成世界最大亚米级商业遥感卫星星座。新能源产业加速发展。"绿电＋消纳"发展模式落地见效，千万千瓦级绿能产业园区启动建设。开复工风电光伏装机 719 万千瓦，清洁能源发电装机突破 2500 万千瓦。一批百亿级氢基绿能项目签约落地建设。数字产业加快布局。吉林祥云大数据中心完成三期建设，长春市算力中心上线运行，华为吉林区域总部加快建设，四平态势感知平台投入使用。累计建成 5G 基站 4.7 万个，4G 网络实现全覆盖。连续 3 年举办中国新电商大会，网络零售额、农村网络零售额分别增长 24%、31%，增速分别居全国和东北地区首位。

（三）创新能力持续提升、支撑有力

创新型省份建设加快推进，科研物质条件指数居全国第 5 位，科技促进经济社会发展指数居全国第 11 位，区域创新能力排名上升 6 位，提升幅度全国第一。重大创新平台建设取得突破，长春国家自创区、国家农高区加快建设。长春市获批国家知识产权保护示范区。大安市获批建设国家级创新型县（市）。一汽集团高端汽车集成与控制、吉林大学汽车底盘集成与仿生两个全国重点实验室率先完成重组。企业创新主体地位持续增强，创建科技经济平台，推进科技成果转化，支持企业牵头承担技术攻关 1123 项、本省转化成果 1800 项，分别增长 10.53%、49.38%。高新技术企业、科技型中小企业分别达到 3590 户、7278 户，分别增长 15.36%、72%，增速均居全国前列。高水平人才队伍不断充实，制定出台人才政策系列配套措施和细则，高级职称人才、高端人才连续两年进大于出。新建院士工作站 3 家、总数达到 13 家，柔性引进院士 14 名。高校毕业生留

吉 13.3 万人，留吉率创历史新高。

（四）农业农村优先发展、根基稳固

"千亿斤粮食"产能建设工程全面启动，细化产能提升阶段性目标和年度任务，狠抓增面积、建良田、用良种、强农机、推技术、防旱涝六项措施落实。克服局地严重洪涝灾害影响，粮食产量再创历史新高，达到 837.3 亿斤，从全国第 5 位跃升至第 4 位，增产 21.1 亿斤，占全国增量的 11.9%，粮食平均亩产 958.2 斤，居全国粮食主产省第 1 位。黑土地保护和耕地质量提升协同并进，建设高标准农田 791.2 万亩，新增盐碱地改造耕地 25.4 万亩。农业科技和装备支撑强劲，种业振兴行动取得阶段性成效，农作物耕种收综合机械化率达到 94%，高于全国 20 个百分点。新型农业经营主体素质能力稳步提升，县级以上示范农民专业合作社、家庭农场分别发展到 5557 家、5730 家，分别增长 13.3%、44.6%，农业社会化服务主体突破 3.2 万家。"千万头肉牛"建设工程深入实施，肉牛饲养量达到 770 万头，新开工屠宰加工项目 12 个，万头牛场达到 6 个。乡村产业全链条升级，农林牧渔业总产值增长 5%。乡村建设有序推进，学习运用"千万工程"经验，打造高标准美丽乡村示范村 201 个、美丽村 995 个和吉乡农创园 48 个。改造农村厕所 4.7 万户。新改建农村公路 3175 公里，整治"畅返不畅" 6217 公里。改造农村危房 3306 户。"快递进村"通达率达到 100%。农村自来水普及率达到 97.8%，24 小时供水工程比例达到 40.2%。脱贫攻坚成果持续巩固拓展，实施产业帮扶项目 1135 个，脱贫人口收入持续稳定增长。全省农村居民人均可支配收入增长 7.4%。

（五）改革开放不断深化，成效显著

统筹锻长板和补短板，直面制约率先突破关键问题，知难而进、奋力攻坚。深入推进国企改革，吉林化纤实现"强身健体"，提质升级，

吉盛公司完成分拆设立，森工集团成功实现重组，大成集团完成金融债务化解、实现复产稳产，吉能集团加快向新能源产业转型。出台促进民营经济发展壮大实施意见，开展"服务企业月"等活动，制定"为企业办实事清单"，全省新登记经营主体 61.9 万户，增长 14%，总量达到 359 万户，增长 8.2%，每千人拥有经营主体 152 户，居全国前列。为经营主体降本减负 800 亿元。金融服务质效持续提升，全省本外币各项贷款余额可比口径增长 7.8%，连续 20 个月居东北三省首位。"数字政府"加快建设，8.1 万个事项实现全程网办，70% 以上市县政务服务事项实现"无差别"受理，网上审批效率、不动产登记效率、政务服务能力保持全国第一方阵。全省推行经营主体以专用信用报告替代无违法违规记录证明，各地城市信用综合指数排名稳居全国前列。推动开发区改革创新发展，由 115 家优化整合至 90 家。新一轮长吉图开发开放先导区发展规划获批。吉西南承接产业转移示范区启动建设。成功举办东北亚博览会、东北亚地方合作圆桌会议、全球吉商大会、跨国公司吉林行、民营企业进边疆·吉林行、世界寒地冰雪经济大会等重大招商活动。主动对接国家重大战略重点省份，开展经贸交流和招才引智系列活动。招商引资到位资金增长 34.8%。

（六）民生保障扎实推进，有力有效

全面完成 50 项民生实事。城镇新增就业 25.79 万人，农村劳动力转移就业 294.43 万人，零就业家庭保持动态清零。社会保险待遇累计发放 1937 亿元。退休人员基本养老金按时足额发放。城乡居民基本医疗保险政府补助标准提高到每人每年 640 元。省内门诊异地就医实现免备案直接结算。建成 102 个综合嵌入式社区居家养老服务中心、261 个社区老年食堂。帮助 2541 名困难家庭考生圆梦大学。开工保障性租赁住房 1.34 万套（间），改造棚户区 1.99 万套，开工改造老旧小区 830 个。415 个"无籍房"小区 33.16 万户拿到不动产权证。免

费为居民改造燃气管阀 136.3 万户，更新改造市政老旧管网 2030 公里。完成客运班线公交化改造 163 条。推进省会城市交通畅通工程，"一点一策"治堵疏堵，高峰拥堵指数下降 20%。实施学前教育普惠攻坚行动，新改扩建公办幼儿园 38 所、中小学 27 所，分别新增学位 1 万个、4 万个。新高考改革稳步推进。长春汽车职业技术大学获批，实现职教本科院校"零"的突破。4 个国家区域医疗中心启动建设。实现新冠疫情"乙类乙管"平稳转段。全省法定报告传染病发病率全国最低。援外医疗工作受到国家表彰。延边州获评"国家食品安全示范城市"。全力推进污染防治攻坚战，优化实施秸秆全域禁烧，全省地级及以上城市空气质量优良天数比例达到 90.7%。国考断面优良水体比例达到 85.6%，提升 3.8 个百分点，劣 V 类水体全面清零。开展群众性文化体育活动 2.84 万场，参与群众达 1.25 亿人次。京剧《土地长歌》入选全国首批"新时代现实题材舞台艺术创作项目"。吉林健儿在杭州亚运会上取得 4 金 2 银 1 铜、两次打破亚洲纪录的历史最好成绩。长春大众卓越女足青年队获全国青少年足球联赛冠军，长春市第一〇八学校女子篮球队获全国联赛冠军，均实现历史性突破。成功举办吉林省第十九届运动会。老龄、慈善、残疾人、地方志、中医药、红十字、妇女儿童、志愿服务等各项事业全面发展，外事侨务、港澳台、民族宗教、气象、地震、测绘、援疆、援藏等工作务实推进。

三、东北地区（泛黑土区）的综合发展情况

《中国东北地区发展报告（2023 ~ 2024）》对东北地区 20 余年的发展进行了总结，这可以看作是对泛黑土区（经济区域）的一个反映。该报告指出，在 2002—2023 年的 21 年间，在全国经济增速平均达 8.2%的带动下，在东北人民的努力奋斗下，东北地区 GDP（国内生产总值）从 1.15 万亿元增长到 6.69 万亿元，年均增速达 7.36%。其中，辽宁、吉林、黑龙江、蒙东地区 GDP 年均增速分别为 7.14%、7.29%、7.19%

和9.39%。东北地区人均GDP（现价）从9587元增长到62165元，年均增速达到9.31%，其中，辽宁、吉林、黑龙江、蒙东地区年均增速分别为8.51%、10.16%、8.95%和11.99%。产业结构调整方面，第一产业比重无明显变化，第三产业比重实现明显上升。2002年东北地区三次产业的比例关系是14.77：46.53：38.71，到2023年这一比例关系调整为14.21：34.58：51.21，其中第二产业下降比重达到11.95个百分点，而第三产业上升了12.50个百分点，这说明东北地区在兼顾全国农业安全的前提下进行了产业结构调整，且三省一区各具特色：辽宁省产业结构非农化和三产化突出，吉林省服务业占比显著提升，黑龙江省农业比重和服务业发展质效提升显著，蒙东地区工业化水平显著提升，居民收入水平显著增长。2002年东北地区辽宁、吉林、黑龙江三省的城镇居民人均可支配收入分别是6629元、6159元、6246元，到2023年依次增长到45896元、37503元和36492元；辽宁、吉林、黑龙江三省的农村居民人均可支配收入分别是2716元、2315元、2381元，到2023年依次增长到21483元、19472元和19756元。从蒙东地区看，由于2002年数据口径不一致，仅以2023年数据看，赤峰、通辽、呼伦贝尔、兴安盟、锡林郭勒盟人均可支配收入依次为28828元、30504元、36523元、27147元、40502元，同期，辽宁、吉林、黑龙江三省人均可支配收入依次为37992元、29797元和29694元，以常住人口进行加权后东北地区的人均可支配收入为33151元。辽宁省以及呼伦贝尔市、锡林郭勒盟的人均可支配收入高于整个区域平均水平。基础设施建设支撑显著，2002年至2022年，东北地区仅辽吉黑三省的高速公路里程就从0.25万公里增长到1.34万公里，高速铁路、城际铁路等从无到有，2022年已经达到4551公里，通达三省大多数城市。结合蒙东地区统一看，民航机场、通用机场、油气管道、特高压输电网络、4G及5G通信基础设施、农田水利设施、海绵城市建设、地下综合管廊等，共同构筑了密布东北地区从城到乡、从工到商、从平原到山区的硬件设施网络，为经济社会发展和各类要素流动提供了坚实保障。社会民生实现全面提升。东北地区脱贫攻坚战取得全面胜利，省级以上贫困县全部摘帽，历史性消除了绝对贫困。做好复转军人、农村转移劳动力、企业离岗失业人员、去产能分流职工等就业创业服务工作，东北地区就业率处于较好水平。企业退休人员基本养老金标准、城乡居民低保标准、城乡特困人员供养标准、优抚对象抚恤补助标准连续多年上涨。教育、文化、公共卫生、人居环境、社会治理等领域成效显著，人民群众安全感、幸福感和获得感全面提升。全面改革取得重大进展。东北地区大力推进营商环境优化，以"数字政府"建设为先导，把持续优化营商环境作为深化改革的突破口，深化"放管服"改革，持续推进"最多跑一次"改革和"一网一门一次"改革，数百项政务服务事项实现"全省通办"，开展"证照一码通"改革试点，实现企业开办"日办结""零收费"，沈阳、大连、长春等城市营商环境建设多项指标挺进全国前列。供给侧结构性成效显著，认真落实"三去一降一补"要求，进一步清理规范涉企收费，坚决落实减税降费政策。大力推进国资国企改革，扎实推进混合所有制改革，妥善解决国企改革历史遗留问题，东北地区市场主体内在活力、市场竞争力和发展引领力得以有效提升。

第三节　粮仓·数据的比较

"黑土粮仓"的成就，在与其他粮仓的比较中才能得到更好的体现。笔者将黑吉两省数据合并作为"黑土粮仓"的基本情况，将中原粮仓（河南省）、江汉粮仓（湖北省）、天府粮仓（四川省）、江淮粮仓（安徽省）作为比较对象，从国家统计局数据库中选择了六个关于农业发展的指标进行时间跨度为 20 年的比较分析。

表 2-4：2004—2023 年五大粮仓第一产业增加值比较（亿元）

年份	地区					
	安徽省	河南省	湖北省	四川省	黑吉两省	合计
2004 年	950.5	1647.6	1008.9	1329.1	1143.2	6079.3
2005 年	966.5	1844.0	1069.8	1403.2	1293.3	6576.8
2006 年	1011.0	1869.8	1125.5	1614.0	1372.0	6992.3
2007 年	1116.3	2156.7	1331.4	1966.5	1647.6	8218.5
2008 年	1313.1	2575.8	1716.0	2139.0	1937.4	9681.3
2009 年	1382.7	2665.7	1717.3	2160.4	2030.5	9956.6
2010 年	1600.6	3127.1	2043.2	2384.9	2220.2	11376.0
2011 年	1868.0	3349.3	2469.2	2854.6	2801.4	13342.5
2012 年	2018.6	3577.2	2674.8	3142.6	3315.2	14728.4
2013 年	2173.2	3827.2	2883.7	3257.4	3789.8	15931.3
2014 年	2295.0	3988.2	3001.6	3524.7	3961.2	16770.7
2015 年	2376.1	4015.6	3109.9	3661.0	3982.8	17145.4
2016 年	2489.8	4063.6	3406.5	3900.6	3881.3	17741.8
2017 年	2582.3	4139.3	3529.0	4262.5	4060.7	18573.8
2018 年	2638.0	4311.1	3548.2	4427.4	4161.9	19086.6
2019 年	2916.0	4635.7	3809.4	4807.5	4470.5	20639.1
2020 年	3185.0	5354.0	4133.2	5556.9	4998.1	23227.2
2021 年	3363.9	5626.9	4635.2	5662.0	5017.2	24305.2
2022 年	3516.5	5731.3	4982.1	5965.5	5324.4	25519.8
2023 年	3496.6	5360.1	5073.4	6056.6	5163.1	25149.8
增长倍数	3.68	3.25	5.03	4.56	4.52	4.14

表 2-5：2004—2023 年五大粮仓农业总产值比较（亿元）

年份	地区					
	安徽省	河南省	湖北省	四川省	黑吉两省	合计
2004 年	1644.42	2963.92	1695.44	2252.28	2077.31	10633.37
2005 年	1666.19	3309.70	1775.58	2457.46	2344.90	11553.83
2006 年	1742.72	3348.94	1842.20	2510.66	2502.64	11947.16
2007 年	1972.52	3859.69	2281.21	3377.00	2920.82	14411.24
2008 年	2331.24	4618.27	2900.59	3903.00	3546.91	17300.01
2009 年	2447.13	4795.74	2924.66	3689.80	3756.33	17613.66
2010 年	2815.02	5619.70	3407.64	4081.81	4111.07	20035.24
2011 年	3296.59	6055.53	4110.16	4932.73	5132.88	23527.89
2012 年	3552.27	6473.70	4542.16	5433.12	6023.88	26025.13
2013 年	3818.73	6938.24	4920.13	5620.27	6836.59	28133.96
2014 年	4024.20	7244.34	5162.94	5888.09	7167.84	29487.41
2015 年	4183.14	7299.58	5387.13	6377.84	7323.03	30570.72
2016 年	4432.32	7405.42	5863.98	6816.92	7370.76	31889.40
2017 年	4597.94	7562.53	6129.72	6955.55	7650.92	32896.66
2018 年	4672.71	7757.94	6207.83	7195.65	7808.63	33642.76
2019 年	5162.13	8541.77	6681.85	7889.35	8372.70	36647.80
2020 年	5680.91	9956.35	7303.64	9216.40	9414.11	41571.41
2021 年	6004.31	10501.20	8296.44	9383.32	9432.29	43617.56
2022 年	6277.98	10952.24	8939.33	9859.75	9936.15	45965.45
2023 年	6247.89	10304.58	9106.87	9977.76	9620.53	45257.63
增长倍数	3.80	3.48	5.37	4.43	4.63	4.26

表 2-6：2004—2023 年五大粮仓农业增加值率比较（%）

年份	地区					
	安徽省	河南省	湖北省	四川省	黑吉两省	合计
2004 年	57.80	55.59	59.51	59.01	55.03	57.17
2005 年	58.01	55.72	60.25	57.10	55.15	56.92
2006 年	58.01	55.83	61.10	64.29	54.82	58.53
2007 年	56.59	55.88	58.36	58.23	56.41	57.03
2008 年	56.33	55.77	59.16	54.80	54.62	55.96
2009 年	56.50	55.58	58.72	58.55	54.06	56.53
2010 年	56.86	55.65	59.96	58.43	54.01	56.78
2011 年	56.66	55.31	60.08	57.87	54.58	56.71
2012 年	56.83	55.26	58.89	57.84	55.03	56.59
2013 年	56.91	55.16	58.61	57.96	55.43	56.63
2014 年	57.03	55.05	58.14	59.86	55.26	56.87
2015 年	56.80	55.01	57.73	57.40	54.39	56.08
2016 年	56.17	54.87	58.09	57.22	52.66	55.64
2017 年	56.16	54.73	57.57	61.28	53.07	56.46
2018 年	56.46	55.57	57.16	61.53	53.30	56.73
2019 年	56.49	54.27	57.01	60.94	53.39	56.32
2020 年	56.06	53.77	56.59	60.29	53.09	55.87
2021 年	56.02	53.58	55.87	60.34	53.19	55.72
2022 年	56.01	52.33	55.73	60.50	53.59	55.52
2023 年	55.96	52.02	55.71	60.70	53.67	55.57

表 2-7：2004—2023 年五大粮仓粮食产量比较（万吨）

年份	地区					
	安徽省	河南省	湖北省	四川省	黑吉两省	合计
2004 年	2742.96	4260.00	2100.12	3146.70	5511.00	17760.78
2005 年	2605.30	4582.00	2177.38	3211.10	5673.21	18248.99
2006 年	2853.71	5112.30	2099.10	2859.70	6569.30	19494.11
2007 年	2973.96	5252.92	2139.07	3032.75	6318.97	19717.67
2008 年	3140.87	5405.80	2145.47	3110.99	7523.67	21326.80
2009 年	3168.89	5506.87	2291.05	3120.40	7268.22	21355.43
2010 年	3207.71	5581.82	2304.26	3182.84	8423.58	22700.21
2011 年	3313.99	5733.92	2407.45	3249.51	9444.36	24149.23
2012 年	3542.92	5898.38	2485.14	3271.28	10048.81	25246.53
2013 年	3540.86	6023.80	2586.21	3336.06	10818.41	26305.34
2014 年	3830.54	6133.60	2658.26	3324.64	11203.86	27150.90
2015 年	4077.23	6470.22	2914.75	3394.60	11589.88	28446.68
2016 年	3961.76	6498.01	2796.35	3469.93	11566.83	28292.88
2017 年	4019.71	6524.25	2846.13	3488.90	11564.34	28443.33
2018 年	4007.25	6648.91	2839.47	3493.70	11139.54	28128.87
2019 年	4054.00	6695.36	2724.98	3498.50	11380.94	28353.78
2020 年	4019.22	6825.80	2727.43	3527.43	11343.95	28443.83
2021 年	4087.56	6544.17	2764.33	3582.14	11906.96	28885.16
2022 年	4100.13	6789.37	2741.15	3510.55	11843.93	28985.13
2023 年	4150.75	6624.27	2777.04	3593.76	11974.72	29120.54
增长倍数	1.51	1.55	1.32	1.14	2.17	1.64

表 2-8：2004—2023 年五大粮仓粮食单产比较（公斤／公顷）

年份	地区					
	安徽省	河南省	湖北省	四川省	黑吉两省	合计
2004 年	4345.49	4749.13	5657.09	4858.64	4315.56	4644.41
2005 年	4063.86	5005.78	5544.91	4891.36	4382.45	4679.08
2006 年	4428.89	5406.44	5379.18	4429.89	4450.04	4752.41
2007 年	4508.48	5512.84	5304.99	4713.17	4036.87	4667.48
2008 年	4680.53	5546.19	5512.91	4854.24	4693.70	4984.39
2009 年	4567.36	5567.77	5625.02	5022.38	4356.74	4875.96
2010 年	4616.90	5566.79	5571.51	5137.66	4919.78	5109.49
2011 年	4740.38	5597.12	5743.63	5243.95	5366.94	5340.28
2012 年	5069.50	5652.73	5786.79	5229.35	5550.76	5479.22
2013 年	5026.37	5631.07	5855.66	5320.73	5782.90	5580.72
2014 年	5332.36	5604.03	5878.35	5319.76	5781.17	5623.61
2015 年	5600.04	5815.24	6092.22	5400.18	5848.40	5770.74
2016 年	5383.55	5791.68	5806.21	5515.42	5858.34	5723.80
2017 年	5490.06	5977.25	5864.69	5544.99	5870.75	5795.28
2018 年	5477.13	6096.52	5858.19	5576.03	5621.98	5723.15
2019 年	5563.33	6237.21	5912.82	5571.46	5695.30	5799.21
2020 年	5513.70	6356.21	5871.41	5587.91	5638.10	5792.29
2021 年	5592.03	6074.99	5899.14	5634.32	5873.44	5847.42
2022 年	5605.67	6299.08	5845.96	5431.38	5786.45	5830.45
2023 年	5659.20	6142.00	5899.90	5611.80	5821.80	5847.58
增长倍数	1.30	1.29	1.04	1.16	1.35	1.26

表 2-9：2004—2023 年五大粮仓农机总动力比较（万千瓦）

年份	地区					
	安徽省	河南省	湖北省	四川省	黑吉两省	合计
2004 年	3784.44	7521.12	1763.61	2006.78	3271.93	18347.88
2005 年	3983.83	7934.23	2057.37	2181.70	3705.34	19862.47
2006 年	4239.93	8309.13	2263.15	2344.87	4142.93	21300.01
2007 年	4535.30	8718.71	2551.08	2523.05	4463.63	22791.77
2008 年	4807.46	9429.27	2796.99	2687.55	4818.36	24539.63
2009 年	5108.85	9817.84	3057.24	2952.66	5402.40	26338.99
2010 年	5409.78	10195.89	3371.00	3155.13	5881.29	28013.09
2011 年	5657.08	10515.79	3571.23	3426.10	6452.88	29623.08
2012 年	5902.77	10872.73	3842.16	3694.03	7107.58	31419.27
2013 年	6140.28	11149.96	4081.05	3953.09	7579.32	32903.70
2014 年	6365.83	11476.81	4292.90	4160.12	8074.61	34370.27
2015 年	6580.99	11710.08	4468.12	4404.55	8594.83	35758.57
2016 年	6867.50	9854.96	4187.75	4267.32	8739.54	33917.07
2017 年	6312.86	10038.32	4335.09	4420.30	9098.41	34204.98
2018 年	6543.81	10204.46	4424.61	4603.88	9550.65	35327.41
2019 年	6650.47	10356.97	4515.73	4682.30	10012.82	36218.29
2020 年	6799.50	10463.70	4626.07	4754.00	10672.04	37315.31
2021 年	6924.31	10650.20	4731.46	4833.88	11061.36	38201.21
2022 年	7070.12	10858.66	4878.65	4923.33	11448.74	39179.50
2023 年	7207.04	11005.28	4986.52	4999.12	11973.01	40170.96
增长倍数	1.90	1.46	2.83	2.49	3.66	2.19

表 2-10：2004—2023 年五大粮仓每公顷农机动力比较（万千瓦／公顷）

年份	地区					
	安徽省	河南省	湖北省	四川省	黑吉两省	合计
2004 年	5.995	8.385	4.751	3.099	2.562	4.798
2005 年	6.214	8.668	5.239	3.323	2.862	5.093
2006 年	6.580	8.787	5.800	3.632	2.806	5.193
2007 年	6.875	9.150	6.327	3.921	2.852	5.395
2008 年	7.164	9.674	7.187	4.194	3.006	5.735
2009 年	7.363	9.926	7.506	4.752	3.238	6.014
2010 年	7.786	10.168	8.151	5.093	3.435	6.305
2011 年	8.092	10.265	8.520	5.529	3.667	6.551
2012 年	8.446	10.420	8.947	5.905	3.926	6.819
2013 年	8.716	10.423	9.240	6.305	4.051	6.981
2014 年	8.862	10.486	9.493	6.657	4.166	7.119
2015 年	9.039	10.525	9.339	7.007	4.337	7.254
2016 年	9.332	8.784	8.695	6.783	4.426	6.862
2017 年	8.622	9.197	8.933	7.025	4.619	6.969
2018 年	8.944	9.357	9.129	7.348	4.820	7.188
2019 年	9.126	9.648	9.798	7.457	5.011	7.408
2020 年	9.328	9.744	9.959	7.531	5.304	7.599
2021 年	9.473	9.887	10.097	7.603	5.456	7.733
2022 年	9.666	10.075	10.405	7.617	5.593	7.881
2023 年	9.826	10.204	10.594	7.806	5.821	8.067
增长倍数	1.64	1.22	2.23	2.52	2.27	1.68

表 2-11：2022 年五大粮仓三大主粮产量与单产比较（万吨、公斤／公顷）

年份	地区					
	安徽省	河南省	湖北省	四川省	黑吉两省	合计
稻谷产量	1583.40	479.15	1865.78	1462.28	3398.91	8789.52
稻谷单产	6342.54	7963.27	8241.23	7802.99	7664.61	7531.28
玉米产量	663.39	2275.05	312.32	1046.22	7296.28	11593.26
玉米单产	5398.05	5897.70	4025.60	5640.00	6989.06	6385.05
小麦产量	1722.27	3812.71	405.57	249.71	10.18	6200.44
小麦单产	6044.40	6709.62	3932.81	4241.16	3794.26	6091.60
三类合计	3969.06	6566.91	2583.67	2758.21	10705.37	26583.22
三类单产	6036.79	6475.17	6346.46	6388.03	7184.35	6644.77

综上比较，以黑吉两省为代表的"黑土粮仓"在粮食总产量方面占据绝对优势，显著高于其他几个粮仓；在农机总动力方面也居于首位，但领先第二名的幅度不大，其他指标均不占有优势。同时也要看到从 2004—2023 年的 20 年间，"黑土粮仓"涉及增长倍数的指标均高于五大粮仓的总平均水平，其中粮食产量增幅、粮食单产增幅、农业机械总动力增幅均居于首位，单位耕地上的农业机械总动力增幅、农业总产值增幅居于第二位。这都表明"黑土粮仓"处于较高增长阶段，还有很大潜力可挖。

第四节　粮仓·经典的故事

新中国成立以来"黑土粮仓"建设的大半个世纪里涌现出了很多

经典的奋斗故事。正是这一个个黑土地上艰苦奋斗的故事，助推着"黑土粮仓"建设取得了一个个成就。

一、梁军的故事

在当今社会，女人开车、开飞机、开船等已经很普遍了，但在20世纪五六十年代，女人开拖拉机还是罕见的。当时拖拉机被认为是需要强大的力量来控制的，而女性的体力相对较弱，所以很少有女人愿意尝试。然而，在这样一个以男性为主导的领域中，却出现了一位女中豪杰，她就是梁军。梁军不仅能够熟练地开拖拉机，而且对机械方面的专业知识也很了解，可以说是半个专家。她通过自己的努力和勇气向世人证明了女人也能驾驭拖拉机，拓宽了人们的思维方式，为广大女性争取了更多的权利和尊重。

梁军出生于黑龙江省，生活在农村。她自儿童时期起就表现出了与众不同的才能和毅力。她在读小学的时候就成了班级的"小班长"，后来考上了一所农村中学，学习了很多关于农业方面的知识，而且还锤炼出了坚强勇敢的性格。因此，当梁军知道北大荒在招募拖拉机手时，她毫不犹豫地决定去尝试。在学习如何驾驭拖拉机的时候，她一遍遍地练习，当面临困难时从不轻言放弃，而是会积极寻找方法和突破口。在接连出现机械故障时，梁军也会耐心修理，一次次地克服困难，最终，梁军成为中国第一位女拖拉机手。她在北大荒工作多年，用自己的行动阐述了女性也能拥有优秀的驾驶技能和顽强的奋斗精神。她在不断探索和尝试中摸索出了适合自己的技术要领，并将要领传授给更多的人，为中国的农业发展做出了重要的贡献。机缘巧合之下，梁军笑容灿烂的样子被选入了第三套人民币的设计之中。在众多的面孔中，乐观而自信的梁军格外引人注目。许多人都被她活力四射的模样所吸引，当人们看到自己国家的这张一元纸币上印着一位自信开朗的女拖拉机手时，总是不由得有一种亲切感，也增强了文化自信。

图 2-1：梁军在一元（第三套）上的形象

二、齐殿云的故事

位于榆树、五常、舒兰三市交界处的榆树市土桥镇皮信村小乡屯，一块写着"一心想着为国家多做贡献"的牌子矗立在阳光下，这是"小乡精神"的象征，而小乡屯第一任生产队长齐殿云则是这个精神的创造者。1969 年，齐殿云参加了国庆 20 周年观礼，在天安门城楼上受到毛泽东主席的接见。

当时的小乡屯是榆树县（现为榆树市）光明公社办的一个饲养场，共 13 户人家，73 口人，土壤贫瘠，水灾泛滥，粮食亩产只有 65 公斤。生产队的全部家当只有 4 头黄牛、2 头毛驴和一辆破花轱辘车，"老牛破车疙瘩套、两头毛驴没草料，花钱靠贷款，吃粮靠返销"，是小屯乡当年的真实写照。1962 年冬季的一个晚上，全屯唯一一位女党员齐殿云把大家伙叫到一起，商量今后该怎么办。从那天晚上开始，大家正式把齐殿云推上了生产队长的位置。第二天一大早，齐殿云就按照前一天晚上设计好的蓝图开始了第一场战役——改土造田。面对"七沟八梁一面坡"的地势，小乡屯人没有耕犁，就用镐刨；没有车马，就用肩挑。最艰苦的战役要算白头沟开壕挖渠改水造田了。1963 年春，齐殿云带着屯里 7 名妇女，顶着冰碴儿，连续大干 45 天，终于在白头沟挖出排水沟 11 条，顺水壕 45 条。"小乡精神"就此生根发芽。

2006 年新农村建设的号角在榆树大地吹响，在"小乡精神"的鼓舞下，一场新农村建设的示范战役在小乡屯打响。小乡屯人勇敢地走出黑土地，走出家门，去都市种田，到他乡收获。50 多年过去了，小乡屯人通过劳务输出，加快土地流转，发展畜牧业、林果业和特色山野产品等方式，使小乡屯的致富之路越走越宽。而"小乡"这种苦战奋斗的精神，"一心想着为国家多做贡献"的爱国情怀，仍然在为"小乡"经济发展、群众富裕发挥着助推作用。"国家的任何地方都需要建设，越是没有条件的地方我们越要干，只有干，才有出路。"当年齐殿云的话已经成为"小乡精神"的精髓，一直留在小乡屯人们的心中。

三、贾洪涛的故事

贾洪涛的故事，是一名由普通农民成长为农业商贸创业者最后又回到黑土地上带领乡亲共同致富的故事。作为绥化市北林区永安镇永兴村一名普通的农民，高中毕业不满 17 岁的他，毅然走上打工创业之路，当过力工、站过大岗、推车卖过菜、贩运过水果、开过物流客栈，经过 19 年的打拼，在全国 9 个省拥有了 13 家物流连锁货栈；创业成功之后他毅然返乡，于 2008 年当选村党总支书记，带领乡亲走上共同致富的创业路，探索出了由大成福农工商贸易有限公司带动的"村社合一"发展模式。

从 2008 年起，贾洪涛与村两委班子成员先后牵头成立了大成福水稻、蔬菜、农机、烟叶四个专业合作社，两年时间组织全村 1.72 万亩耕地全部入社，实现了统一规划、规模经营、分工分业集约发展，提高了农业生产水平，农民实现了土地经营、入社分红、外出打工、发展非农产业等多渠道增收。2012 年由村党支部和村委会牵头，成立了由永兴村委会控股、实行"村社合一"体制的大成福农工商贸易有限公司，统一经营管理四个专业合作社和一个米业加工厂，四个合作社负责种植、米业加工厂负责加工、农工商贸易公司负责对外营销，构建起村、企、社、民大合作、立体化、复合型农业经营体系，实现更加高效的专业化生产经营，促进了产、加、销各环节的良性运转和互动发展。公司每年把 25% 盈利部分无偿赠予村里作为积累和公共事业支出，公司触角已经延伸到附近的 11 个村和一个农场，共拥有种植基地 3 处，面积 5.5 万亩，是本村耕地面积的三倍之多。

引进来和走出去相结合，通过农产品加工延伸产业链。引进来，通过宅基地置换土地，规划了占地 400 亩的大成福工业园区，目前已有黑龙江金泽水利环保有限公司、大成福冷链物流、大成福爱米农业科技有限公司等企业落户小区。走出去，他们坚持"不把黑土地变成水泥板"的理念，争取到市场消费地区投资小厂，在厦门建设了一处日加工能力 5 ~ 10 吨的北方特色豆制品厂，实现北方名优产品与南方消费市场的零距离。坚持用市场引领，探索电商、订销、直销、专销等多种营销路径。在福州和厦门建立了拥有 1 万多人的客户群，在厦门、福州、哈尔滨、大庆等地设立多个直销窗口，"大成福牌"优质农特产品供不应求。增强村集体经济实力，开展美丽乡村建设。全村投资建成农民新村住宅楼、广场和幼儿园、小学等设施，同时"村社合一"密切了干群关系，激发了村两委班子干事创业和为民服务的热情，巩固了党在农村执政的基础。村里还为全体村干部和合作社的管理人员办理了农村养老保险，使他们能够全身心地投入集体发展和村民致富事业上。

四、徐兴库的故事

徐兴库的故事，是一个关于农特产品创业者的故事。1993 年他在吉林省梅河口市某师服役，1995 年接手了长岭县前进乡机砖厂，克服了资金短缺、经验不足、技术缺乏等困难，在竞争激烈的机砖业中闯出一片天，年产值近千万元。2011 年村委会换届，他以高票当选了前进乡保卫村党支部书记，立足本地自然条件，创建了吉松岭种植农民专业合作社，带动当地农民群众种植无农药、无化肥及人工除草的绿色有机农产品。2012 年 3 月，在长岭县环城工业集中区兴建了农产品加工车间、无菌包装车间，引进了两条先进生产线，年生产加工谷子、高粱两万吨以上。公司拥有自己的种植基地 18000 亩农田，其中有机种植 9750 亩，有机转换期 3300 亩。实现"种植、生产、销售"一条龙的新农业发展模式，利用"订单托管"等模式促进种植合作社与农民合作。统一流转土地、统一采购物资、统一机械化耕种、统一生产、统一品牌、统一销售，实现了"一托管、六统一"的现代化经营生产模式，免费为农民提供种子、有机肥、农业技术、种植、收割等大型机械等服务。公司拥有"吉松岭、炭泉"两大有机农产品品牌，"炭泉小米""炭泉葵花籽"已经申请国家地理标志产品，长岭县吉松岭种植农民专业合作社被评为"国家级示范农民专业合作社"。

徐兴库尤为重视基地土质利用开发。种植基地地下土质蕴含着矿物质草炭土，草炭土富含大量有机质和腐殖酸，给各种作物提供了丰富的矿物质，对各种农作物具有施肥、保湿、疏松土壤的多重功效，使种植出的作物品质优良，口味独具特色。所有农产品全部施用农家有机肥，不附加任何化肥农药。2014 年 2 月与中国科学院东北地理农业生态研究所合作开展了《创建适宜风沙土、盐碱地环境下的玉米、谷子、高粱、杂粮、杂豆等有机农业标准化栽培技术体系》项目。2013 年 12 月成立吉林省松岭有机肥业科技有限公司，生产基地所需系列松岭丰牌、碱地丰牌有机肥，开展了《完善改良熟化风沙土、盐渍土有机无机掺混肥配方及工艺流程的标准》《完善玉米、谷子、高粱、杂粮、杂豆等有机食品专用肥料配方标准》《苏打盐渍化农田旱作有机——无机复混专用肥研发与应用》等项目研究，实现了有机食品与有机肥业共同发展的目的，解决了长岭县大面积荒废盐碱地改良问题，开始种植有机杂粮等谷物作物，带动地方农业经济增收。2014 年 6 月成立了吉林省松岭养殖农民专业合作社，在发展了绿色养殖业的同时又为有机肥料的生产提供了原材料，实现了节源创收、"养殖——粪便——有机肥"的循环生态农业产业链，实现了资源的合理配置和综合循环利用。2015年3月成立吉林省吉松岭农业机械化种植农民专业合作社，购进了大量现代化大型农机具，包括旋耕机、大型谷物收割机、德国进口全自动化打捆机等，使企业的种、产、收全部实现了现代化经营。形成了统一流转土地、统一采购物资、统一机械化耕种、统一生产、统一品牌、统一销售，实现了"一托管、六统一"的现代化经营生产模式，实现了拉动地方经济增长，实现了富企裕民。

五、隋书侠的故事

2012年，曾经涉足餐饮、美容和二手车辆领域的隋书侠决定尝试进军一个新的领域——鲜食玉米加工。由于她的家乡公主岭市位于"世界三大黄金玉米带"之一的"吉林省玉米带"核心种植区域，是"中国玉米之乡"，享有得天独厚的地理优势。2012年5月，她创立了吉林省农嫂食品有限公司，并担任公司董事长。隋书侠采取了"公司＋合作社＋农户"的经营模式，成立了吉林省农嫂甜玉米农业合作社，截至2023年，已经拥有1.6万亩种植基地，与超过1000个农户签订了种植合同。公司产品已覆盖国内20余个省（区、市），并出口至16个国家和地区。"东北农嫂"系列产品被评为省名牌产品，公司被评为省农业产业化重点龙头企业、全国鲜食玉米产业加工十强企业，并获得"中国好粮油"国际金奖。公司连续三年被美国都乐评为最佳供应商，被日本永旺评为2018年食品部的唯一最佳供应商。

企业在创建之初就面临着诸多挑战。经过选址建厂和设备安装，仅用3个月的时间完成了厂房建设，在4个月内实现了投产，并成功生产出30万穗即食鲜玉米。然而，产品上市后销售困境接踵而至。由于缺乏经验，第一批销售的20多万元产品在运往杭州某大型超市时需要额外支付条码费，导致利润所剩无几。第一年公司以亏损告终。隋书侠在深入了解了市场趋势后，决定将产品定位在高品质、合理价位的市场区间，以区别于其他竞争对手。同时，隋书侠还十分注重提高企业的管理水平。通过市场、管理双提升，带动企业走上正轨。之后，她又发现，甜玉米在国外市场有着巨大的销售前景。2013年，隋书侠带着公司的系列产品，远赴日本、俄罗斯、美国、法国、德国和泰国等国际知名食品展会。当外国客人品尝过公司的甜玉米后，他们纷纷为之赞叹不已，其中一位来自伊拉克的客户甚至当场下单购买了1万美元的产品。日本和韩国对鲜食玉米的需求尤为强烈，但对产品质量却有着极为严格的要求。2014年，一位日本客户通过实地考察后随即下单购买了40万穗，从此来自日本的订单便如潮水般源源不断。市场打开后，隋书侠特别关注科技创新的作用。吉林农嫂与江南大学合作建立了玉米果蔬食品联合研究中心，主要研究鲜食玉米、果蔬类产品的开发和生产工艺的提升，现已研发出真空充氮玉米粒、真空玉米杯、真空保鲜南瓜、真空保鲜地瓜等产品，获得了14项实用新型专利、9项外观设计专利。种植方面，吉林农嫂鲜食玉米种植栽培及选育品种以吉林省农科院玉米所为技术依托，建立鲜食玉米种植、加工标准化示范区；与省、市粮储局合作共建吉林省中高端鲜食玉米品种试验示范基地。吉林农嫂在销售模式上也是多点齐发，先后开创了线上电商、线下商超、OEM（Original Equipment Manufacture，原始设备制造商）定制、国际贸易四大销售渠道，产品已经出口到东南亚、澳大利亚、新西兰、荷兰、德国、俄罗斯等16个国家和地区。2022年，公司总产值达2.7亿元，实现利税1500万元，已经发展成吉林省鲜食玉米加工企业代表，带动了周边20多户速冻鲜食玉米企业，实现产业集群集约化的发展。

第五节　粮仓·要素的力量

　　"黑土粮仓"建设大半个世纪以来，各种要素发挥了积极的作用，政策的支持、科技的支撑、能源的保障、资本的汇聚、数据的协同、人才的作用、设施的保障等，共同驱动黑土地上的创业者谱写了一个个创新、创业的故事。

一、科技的力量

　　2024年4月，《证券时报》的一篇文章报道了黑龙江省科技赋能挖掘增产潜力的情况。这篇文章报道了多项科学技术的作用及应用，如平整稻田技术，"这片稻田经过改造之后已经明显平整，将会提高作业效率、降低耕地成本。"经过整理改造，使得稻田池埂减少，可用于插秧的稻田面积增加，从而推动了水稻产量增加。与之相关的高标准农田，是指土地平整、集中连片、设施完善、农田配套、土壤肥沃、生态良好、抗灾能力强，与现代农业生产和经营方式相适应的旱涝保收、高产稳产，划定为基本农田被永久保护的耕地。《全国高标准农田建设规划（2021—2030年）》指出："建成后，新增建设高标准农田亩均预计可提高粮食综合产能100公斤左右、改造提升高标准农田亩均预计可提高粮食综合产能80公斤左右，节水、节能、节肥、节药、节劳效果显著，亩均每年增收节支约500元。规划实施后，每年可增加粮食综合产能1000亿斤左右。"依靠科学技术协同实施高标准农田、侵蚀沟治理、农田防护林建设项目一体化，最终建成旱能灌、涝能排的现代化良田，则是实现深挖粮食增产潜力、提升粮食生产能力的重要手段。再如良种技术方面，种子是农业的芯片，决定着国家的粮食供给与安全，是保障国家粮食安全的关键，是支撑现代农业可持续发展的根本。有关人员介绍，"良种在促进粮食增产方面具有关键的作用，我们采取集团化运营的模式，对三大作物种子、肥料、航化药剂和部分除草剂进行统一供应，对水稻种子统一进行浸种催芽，统一向农户进行发放，这样可以保证种子质量、提高用种安全。毕竟种子是农业生产当中的第一道关口，一旦种子出现问题，农民将会蒙受较大的损失。""当一些种子仍然处于高产期时，我们就会开始选择一些适合当地条件的可替代品种进行试验种植。""一个新品种通常要经过两年至三年的试验种植期，在此期间不仅要保证高产，同时还要实现稳产，只有这样才会向农户进行示范推广。"良种还需要良法、良技等的配套，才能形成有效提升粮食单产的组合拳。例如农业机械化方面，"提高粮食单产，除了需要适时改良种子品种之外，还要使用先进的农机装备进行农机化作业。我们从春耕前的整地、播种、田间管理到最后的粮食收获，已经实现了全程机械化操作。""通过使用国际上先进的农机具进行作业，我们的玉米单产突破了 1062.1 公斤 / 亩，成功达到了吨粮田的目标。"智能除草机器人以及通过推广卫星导航、精量播种、智能育秧、精细收获等耕种收关键环节智能先进适用装备和技术，达到了减损就是增产的目的。

另一篇关于黑龙江省的报告专门展现了农机技术的应用。黑龙江省作为我国现代农业的排头兵，高端智能农机装备已覆盖全省农业生产耕、种、管、收各环节，农作物耕种收综合机械化率达到 99.07%，居全国首位。具体实践包括：（1）北大荒农垦集团建三江分公司率先启动了智慧农场建设，探索全程数字化管理和作业新模式。七星、创业、二道河、胜利、勤得利、洪河、红卫、前进等 8 个农场借鉴先进经验，先后探索开展无人驾驶，建设本地化智慧农场。北大荒集团已启动 16 个智慧农场建设，改装及升级各类无人驾驶农机具 343 台 (套)，年耕种管收综合作业面积 30 余万亩。（2）2022 年以来，黑龙江省农村地区新增拖拉机北斗辅助驾驶（系统）设备 1.89 万台，广泛应用于开沟、起垄、深翻等作业环节，有效避免了错行和漏行，准确控制直线度及衔接行间距，精度误差不超过 2.5cm，提高了作业质量，促进了节本增效。在播种环节，重点推广具有免耕防堵、分层精量施肥、种肥监测等功能的高速精量播种设备，机播机插作业播种精细、下籽均匀、深浅一致。截至 2023 年底，全省免耕播种机达到 4.98 万台，高速乘坐式水稻插秧机 8.6 万台。在田间管理环节，大力推进植保无人机的推广应用，推动实现水稻、小麦、玉米等各类作物的精准喷洒、播撒作业。截至 2023 年底，全省植保无人机 3.1 万架，作业面积达到 4.6 亿亩次，均居全国第一位。在收获环节，推广智能高效收获机械，引导经营主体在收获机具上安装北斗导航定位终端，为机手提供农机作业面积、位置等信息，提高了收获效率，降低了机收损失。截至 2023 年底，自走式玉米籽粒联合收获机 8345 台。在先进适用收获机械的支撑下，2023 年全省玉米、水稻、大豆机收平均损失率分别为 2.53%、2.05%、2.63%，均低于国家标准要求。黑龙江省高端智能农机装备已覆盖全省农业生产耕、种、管、收各环节，截至 2023 年底，全省 100 马力及以上拖拉机保有量达到 10.35 万台，其中 200 马力及以上拖拉机 4.16 万台。

吉林省也有很多这样的例子。例如育种技术创新方面，利用分子设计育种技术，大豆新品种的育种周期已从过去的 10 年缩短至 2 年。这种技术可以针对超高产、高蛋白、高油等品种需求，实现大豆的个性化、定制化选育。政府和相关机构对黑土地区域的种子科技研发给予了大力支持。例如，吉林省就安排了专项资金支持，利用生物技术开展突破性新品种选育，并建立起生物育种技术体系。种业产业链不断强化。科研院所与种业企业之间的合作日益加强，双方共同开展育种攻关，合力做大做强种业产业链。这种合作模式使得科研力量更加集中，能够更有效地推动种子科技的发展。黑土地区域还聚集了多所科研院校和种业企业，组建起作物生物育种联盟，协同开展育种科技攻关，以加快培育突破性新品种。优良品种推广应用。黑土地区域已培育出多个优良品种，并得到了广泛推广应用，如"东生118"大豆新品种在盐碱地上实现了每亩超200公斤的好收成，而"吉单63"等玉米新品种也快速推向了市场。优良品种的推广应用对黑土地区域的粮食增产做出了重要贡献。如吉林省连续两年粮食总产量超过800亿斤，其中粮食新品种的推广应用功不可没。可以说，黑土地区域种子科技发展的未来前景非常广阔且充满希望。基因编辑技术如CRISPR－Cas9等新型育种技术的应用，将进一步提高育种精度和效率，为种业发展带来新的突破；政府和相关机构对种子科技的研发给予了大力支持，将推动黑土地区域在种子科技领域的持续发展；市场需求推动种业发展，随着全球人口的增长和农作物需求的提高，种子生产市场的规模呈现稳步增长的趋势；消费者对高品质种子的需求也日益增加；产业链整合与发展，科研院所与种业企业之间的合作更加紧密，将推动种业产业链的发展。

此外，吉林省农业部门在每年的主推技术中也不乏对土地保护、耕种技法等方面的科技要素的呈现。如土地的保护方面的相关技术包括但不限于：（1）玉米秸秆覆盖保护性耕作技术。这是"梨树模式"的重要内涵之一，是对农田实行免耕、少耕，尽可能减少土壤耕作，并用作物秸秆、残茬覆盖地表，主要用化学药物来控制杂草和病虫害，从而减少土壤风蚀、水蚀，保水、保土、提高土壤肥力和抗旱能力的一项先进农业耕作技术，包括秸秆覆盖、免耕播种、配方施肥、化学除草、病虫害综合防治等技术环节。（2）半干旱区玉米秸秆深翻还田水肥一体化高产高效栽培技术。即在秋季玉米收获后，采用大马力拖拉机配套秸秆粉碎机、液压翻转犁、旋耕机、镇压器等农机具进行玉米秸秆深翻还田作业，翻地深度达到30cm以上，秸秆深翻至20cm～25cm土层，配套滴灌水肥一体管理技术。该技术适宜于吉林省西部年降雨量 400 mm 左右、有效积温 2700 ℃以上；土壤类型为黑钙土、草甸土和风沙土等有滴灌条件的土壤。该技术包括秸秆深翻还田、整地、材料选择、播种、化学除草、水肥一体化管理、田间管理、主要病虫害防治等环节。（3）半干旱区玉米秸秆覆盖还田免耕补水播种技术是半干旱区黑土地保护技术模式之一，意在解决半干旱区春季干旱、土壤墒情差等导致玉米秸秆覆盖还田免耕播种出苗率低、整齐度差的问题。玉米免耕补水播种，就是在秸秆覆盖还田条件下，应用免耕精量播种机，配套补水设备，一次性完成播种带清理、种床调控、侧深施底肥、窄沟精播、控量补水、种肥水施、挤压覆土等作业。通过控量补水、湿润播种带，使玉米种子处于适宜萌发出苗的土壤墒情环境，解决了半干旱区玉米秸秆覆盖还田免耕播种出苗率低、整齐度差的重大生产技术难题。节水、保苗、培肥、增产效果显著。该技术适用于半干旱区。技术要点包括播种机及配套补水设备、免耕补水播种、补灌保苗、深松蓄水、秸秆覆盖还田、生产管理等。（4）半湿润区玉米秸秆全量深翻还田地力保育技术，主要针对吉林中部半湿润区早春易低温、干旱频发、土壤质量下降等生态条件及玉米生产上存在的化肥与农药施用量大、利用效率低、病虫草害频发等问题，开展以秸秆全量深翻还田耕种为核心，耕作栽培、养分调控、病虫草害防治等技术优化集成，构建半湿润区玉米秸秆全量深翻地力保育技术模式，从而达到增加土壤有机质含量、培肥地力、改良土壤结构、减少病虫危害等目的。该技术主要适宜于吉林省中部半湿润区，降雨量在 450 mm ~ 650 mm 的区域。要求土地平整、黑土层厚度在 30cm 以上。技术要点包括秸秆翻埋及整地、播种环节、养分管理、除草管理、病虫害防治、收获等。（5）玉米秸秆覆盖还田条耕种植技术属于少耕的一种种植方式，它是在玉米秸秆覆盖还田种植基础上发展起来的一种保护性耕作技术。该技术模式下通过对播种带（种床）进行浅耕整理，能创造平整、疏松的土壤环境，提高了种子入土深浅的一致性，有利于实现苗齐、苗壮、苗匀。该技术融合了秸秆覆盖免耕的生态优势，又克服了由于春季秸秆覆盖造成的低温障碍，满足了当前黑土地保护与作物高产高效发展的重大需求。该技术适宜吉林省湿润区与半湿润区，技术要点包括秸秆处理、条耕作业前秸秆归行处理、条耕作业等，其中条耕作业重点是选择性能优良的条耕机作业、注意作业土壤水分要求、把握条耕作业时间与深度等。（6）水稻秸秆全量还田平地秋打浆技术主要利用秋季收获后的农闲时期进行稻草水搅浆还田，有效解决了秸秆还田问题，比秋季深翻干还田和春季还田腐解率更高，可降低甲烷等有害气体对水稻的有害影响，一定程度上抑制病虫草害发生，有助于提高土壤肥力。

　　耕作技法方面包括但不限于：（1）鲜食玉米可降解地膜覆盖水肥一体化栽培技术，即通过调控土壤环境、减少化学肥料的施用量、生物防治病虫害等技术措施优化产业链源头生产环境，实现鲜食玉米安全生产。技术要点包括选地与整地、地膜选择、播种、水肥管理、主要病虫害防治、收获等。（2）玉米化肥减量增效技术适用于全省土壤基础肥力较好、保肥保水能力较强的玉米种植区域。其技术要点是在增施有机肥、秸秆还田的基础上，结合土壤基础含肥量，依据玉米产量水平，确定化肥施用量，实现科学施肥、减肥增效的目的。（3）玉米全程机械化栽培技术包括品种选择、耕整地、机械精量（免耕）播种、机械深施化肥、田间管理、机械收获、晾晒与烘干、秸秆处理等农机农艺融合技术。该技术要点包括品种选择、耕整地作业、机械精量（免耕）播种、机械深施化肥、田间管理、机械收获、晾晒与烘干、秸秆处理等。（4）半湿润区春玉米超高产养分高效栽培技术可以同步实现粮食增产、化肥减施、资源效率提升，特别是以较少的养分投入，获得较高的粮食产量，更具现实意义。通过有机培肥结合多元素养分调控，可实现亩产超吨量，同时实现养分高效利用。技术操作要点包括春整地、肥料施用、播种、镇压、除草管理、病虫害防治、化学调控、秋收等。（5）水稻钵型毯状苗育插秧技术是中国水稻所针对传统毯状秧苗机插存在的问题研发的适合我国水稻品种和季节特点的新型水稻机插技术。该技术采用钵型毯状秧盘，培育具有上毯下钵形状的水稻机插秧苗，结合了钵型秧苗和毯状秧苗的特点与优点。技术适用于大棚盘育苗和机插稻作区。（6）水稻机械直播生产技术是随着平整地机械设备及灌溉条件的改善、高效除草剂技术的成熟、早熟高产新品种的丰富以及劳动力成本的刚性升高等发展起来的生产技术，该技术可以有效节省生产投入，提高劳动效率，减轻劳动强度，有效降低水稻生产成本及提升农事质量，破解制约吉林省水稻产业发展的关键技术难题，因没有育苗环节，从而有效减少了黑土采取，对吉林省黑土地保护可以起到积极作用，并实现稻米产业效益最大化。大豆种植技术方面，包括米豆轮作条件下大豆高产栽培技术核心、玉米—大豆复合种植生产技术、大豆优质安全丰产高效生产技术、盐碱地大豆种植高产栽培技术都在推广和应用。

智能农业发展方面，包括但不限于：（1）农业卫星遥感应用技术。基于国产吉林一号卫星0.75m高分辨率遥感影像，对吉林省松原市乾安县进行盐碱地精细提取以及分级评价，最终结果表明，基于吉林一号卫星影像的乾安县盐碱地提取总体精度为94.6%，Kappa系数为0.9068，对于重度、中度、轻度盐碱地区分良好，对于尺寸较小的细碎地块提取效果十分理想，提取结果边界清晰准确。（2）充分利用吉林一号系列卫星数据的高分辨率特征和农作物不同生长期表现出来的不同光谱特征，选择一种合适的分类方法实现梨树县主要农作物的精准分类，获取精细化的梨树县玉米、水稻、大豆和其他作物的分类产品。经过精度验证表明，梨树县2022年主要农作物遥感监测成果总体精度为96%：玉米、水稻、大豆和其他作物的生产者精度均大于90%；玉米、水稻和其他作物的用户精度大于90%，大豆用户精度小于 90%，主要是由于大豆与其他作物 (花生) 易发生混分。利用亚米级高分辨率数据可以很好地区分玉米、水稻和其他作物，但是大豆影像特征与其他作物 (花生) 类似，单独运用亚米级高分辨率数据无法区分大豆与花生，要结合具有短波红外波段的"吉林一号"多光谱数据，可较好地区分大豆与花生，但其精度受到一定影响。（3）吉林省农业综合信息服务股份有限公司的数字农业农村云平台技术。充分利用云计算、大数据、物联网、智慧农机、卫星遥感、区块链等现代信息技术，先后开发了包括 12316 "三农"综合信息服务平台、12582 语音短彩信服务平台、开犁网农村电子商务交易平台、吉林省农产品产销对接服务平台、开犁易农宝、开犁物联、开犁云医院、开犁远程诊疗、开犁卫星平台等 23 个主应用系统，276 个功能模块，82 个数据库，万余个数据子集，现已将 23 个主应用系统和各个功能模块及第三方应用服务平台全面打通，形成一个统一的对农服务平台，并在村一级和产业上落地应用。该公司以"吉农云"（即吉林省数字农业农村云平台）为核心产品，形成了一个数字农业云平台 +N 个应用的产品体系，即结合农业生产、农民生活、农村经营、涉农管理等各类应用系统。"吉农云"基于云架构技术体系，面向县域数字乡村建设的、超大规模的、综合类社会化服务的数据集成与应用的"互联网 +"平台，为各级政府提供了政策直达、数据采集、汇聚分析等数据支撑；为农民和各类主体提供了生产、经营和管理的数字化解决方案；为社会服务机构提供了互联互通、合作共赢的服务渠道；还可汇聚并展示"产业兴旺、生态宜居、乡风文明、治理有效、生活富裕"的区域数据。打造了"互联网 + 流通 + 服务"的专属吉林的农业信息服务模式，该模式在 2016 年 11 月被国家发改委和中国信息通信研究院收录到中国"互联网 + 百佳实践"案例当中，在全国范围内进行推广。2019 年 11 月，公司的"基于农业大数据全产业链应用的数字农业发展模式"被农业农村部认定为"数字农业农村新技术新产品新模式优秀项目"。从技术层面看，在大田种植上，遥感监测、病虫害远程诊断、农作物智能生产、农机精准作业等开始大面积应用，在设施农业上，温室环境自动监测与控制、水肥药智能管理等加快推广应用；在畜禽养殖上，精准饲喂、发情监测等在规模养殖场实现广泛应用。

二、能源的作用

能源是农业农村发展的支撑，是"黑土粮仓"建设的重要保障。如电力是现代农业不可或缺的能源形式，在"黑土粮仓"建设中，电力主要用于农业机械、灌溉系统、农业信息化等方面，也为农业从业者生活方面提供重大保障。如电力驱动的高效灌溉系统（如喷灌、滴灌）能够精准控制水量，提高灌溉效率，减少水资源浪费，保证作物在干旱季节也能得到充足的水分，实现旱涝保收；现代农业机械如收割机、播种机、无人机等大多依赖电力或电力驱动的燃油发动机，电力保障能够提高农业生产效率，减轻了人力负担，使得黑土资源的开发利用更加高效；农业信息化更需要电力支持和持续供应，如智能监测、远程控制系统等，能够实时监测土壤湿度、作物生长状况等关键指标，为精准农业提供数据支持，以进一步提升农业生产管理水平；电力的普及、传输和安全保障，也有利于农业从业者的生活水平、健康水平、知识水平的提升，进而增强对"黑土粮仓"建设的支撑作用。化石能源方面，尽管在环保方面存在一定争议，但在"黑土粮仓"建设特定环节中，仍发挥着重要作用。它是大多数农业机械的动力来源，部分农业机械，特别是大型拖拉机、联合收割机等，目前仍主要依赖柴油发动机作为动力源。这些机械在土地整理、播种、收割等关键环节发挥着不可替代的作用，特别是在属于高寒气候的"黑土区"，更需要化石能源予以保障。化石能源还用于农产品加工过程中的热能和动力供应，如粮食烘干、油料压榨等。光伏能源近年来发挥了重要作用，在"黑土粮仓"建设中具有广阔的应用前景，如利用光伏板为灌溉系统供电，既减少了化石能源的消耗，又降低了碳排放，实现了绿色灌溉。再如为农业大棚、智能温室等设施提供电力支持，保障作物在不利气候条件下的正常生长；结合储能技术，光伏能源可以构建农业微电网系统，提高供电的可靠性和稳定性，为偏远地区的农业生产提供电力保障。生物质能源是以生物质为载体的能源，具有可再生、环保等优点，在"黑土粮仓"建设中，生物质能源的应用主要体现在通过秸秆气化、发酵等技术将秸秆转化为生物质能源，同时实现秸秆还田，增加土壤有机质含量，改善土壤结构；利用农作物秸秆、林业废弃物等生物质资源发电，为农业生产提供清洁电力支持。水能、风能作为清洁、可再生的能源形式，在"黑土粮仓"建设中同样具有重要意义。在水资源丰富的地区，可以利用水能发电，为农业生产提供稳定、清洁的电力支持。水能发电还可以与灌溉系统相结合，实现水资源的综合利用。在风力资源丰富的地区，可以建设风电场为农业生产供电。风能作为一种清洁、可再生的能源形式，有助于减少化石能源的消耗和碳排放。

在实践中，能源正在为农业发展做出了越来越多的贡献。吉林省能源局公开资料显示，吉林省建设美丽乡村，能源先行，制定了系统性、前瞻性的符合乡村用能特点的新能源电力产业政策，先后启动"陆上风光三峡""山水蓄能三峡""全域地热三峡""氢动吉林"等工程，同时为助力壮大村集体经济，实施了新能源乡村振兴工程。截至2024年3月底，大安市、松原宁江区、公主岭市、前郭县、长岭县等新能源乡村振兴项目建成并网，为村集体带来稳定收益。进一步加强秸秆综合利用效果也是提升农村能源应用实效的重要内容。2023年吉林省7个重点县21个重点村，针对农村户用沼气设施等安全使用问题开展了安全生产技术指导和督查检查，推动沼气安全生产态势持续向好。助力企业开展农村清洁能源技术服务指导，强化秸秆能源化技术应用适用性、实用性，与科研院所、大学等科研机构建立农村省级专家团队，协助开展新技术、新设备应用示范，开展沼气等厌氧发酵技术转型升级。推广秸秆打捆直燃集中供暖、生物质成型燃料等成熟技术，2021—2023年推广秸秆打捆直接集中供暖技术应用17处，建设生物质直燃锅炉27台，实现清洁供热面积约100万平方米，2023年全年新增并网生物质发电项目3个（9万千瓦）、垃圾发电项目6个（10.3万千瓦）、新建成生物天然气（沼气）项目1个。在黑龙江省，2024年全国低碳、零碳乡村培育现场交流活动暨零碳村镇促进项目技术培训班相关报道显示，"秸秆压块燃料＋生物质户用炉具"实现单户采暖、"秸秆直燃锅炉""生物质热电联产"等实现集中供热……为黑土地上的农业发展能源问题提供了新的样板。海伦市长发镇长庆村是黑龙江省唯一的国家级零碳村镇，实现了区域冬季清洁采暖，优化了村镇可再生能源消费结构。海伦市利民节能锅炉制造有限公司等本地企业，已具备生产各类生物质户用炉具、生物质压块燃料锅炉、生物质直燃锅炉、粮食烘干塔等全系装备能力，长庆村零碳村镇建设还综合了以生物质打捆直燃集中供暖技术为核心，辅以生物质分户采暖技术、分布式太阳能光伏发电技术的集成模式，实现了村镇生活用能二氧化碳零排放的目标。

三、资本的作用

资本在"黑土粮仓"建设中的作用是多方面的，涵盖了农户资本、集体资本、国有资本、社会资本、风险资本，以及金融资本等多个层面。这些资本形式通过不同的渠道和方式，共同促进了黑土资源的保护与利用，推动了农业生产的现代化和可持续发展。其中，农户资本是"黑土粮仓"建设的基础。农户通过投入自有资金、劳动力和技术等资源，直接参与农业生产，是黑土地保护和利用的直接实践者。农户资本的积累和使用，对于提高农业生产效率、改善农业生产条件具有重要意义。集体资本在"黑土粮仓"建设中发挥着组织协调的作用。通过整合村集体或合作社的资源，集体资本能够集中力量进行农田基础设施建设、土地整治、技术推广等，从而提升农业生产的规模化和组织化程度。国有资本在"黑土粮仓"建设中扮演着重要的引导和支持角色。政府通过财政投入、政策扶持等方式，引导国有资本流向农业领域，支持黑土地保护、高标准农田建设、农业科技研发等关键领域，推动农业生产的转型升级。社会资本通过市场机制参与"黑土粮仓"建设，为农业生产提供多元化的资金和技术支持。社会资本的引入有助于激发农业领域的创新活力，推动农业产业链条的延伸和拓展，从而提升农业产业的整体竞争力。风险资本则关注具有高增长潜力的农业企业和项目，通过提供风险投资支持其快速发展。在"黑土粮仓"建设中，风险资本可以助力农业科技型企业研发新技术、新产品，推动农业科技创新和成果转化。金融资本为"黑土粮仓"建设提供了重要的融资支持。通过银行贷款、保险、融资租赁等多种金融产品和服务，金融资本能够有效缓解农业生产中的资金瓶颈问题，降低农业生产风险，保障农业生产的稳定进行。

从实践看，黑龙江省农业融资担保有限责任公司龙江农业融资担保有限责任公司作为政策性担保机构，积极落实财政金融协同支农机制，统筹农政银担多渠道资源，有效破解粮食生产融资难、融资贵、高风险等难题。截至 2023 年 8 月末，龙江农业担保有限责任公司累计为黑龙江省 45.66 万户各类涉农经营主体提供贷款担保支持 1090.2 亿元，其中累计为省内 42.83 万户的粮食种植生产主体提供贷款担保 837.29 亿元。通过设立分支机构、建档立卡、整村推进等方式，实现担保业务主产区全覆盖，有效促进了黑龙江省粮食生产的稳定发展，提高了农户的种植积极性和生产效益。吉林省农业投资集团积极响应国家"藏粮于地、藏粮于技"战略，大力推进高标准农田建设，以提升粮食生产能力，保障国家粮食安全。吉林省农业投资集团通过自有资金及争取政府补贴、银行贷款等多种方式筹集资金，用于高标准农田的基础设施建设、土壤改良、节水灌溉等项目。引进先进的农业技术和设备，如智能化灌溉系统、土壤养分监测技术等，提高农田管理水平和生产效率。与地方政府、科研机构、农业合作社等多方合作，共同推进高标准农田建设项目的实施，增强了农业综合生产能力，改善了农田生态环境，推动了农业现代化的进程，提高了农民的种植收益和生活水平。

四、数据的作用

数据在"黑土粮仓"建设中的作用至关重要，它贯穿于农业生产的各个环节，为精准农业管理、资源优化配置、决策支持等提供了科学依据。农业气象数据包括温度、湿度、降水、光照等，对农作物生长至关重要。通过实时收集和分析这些数据，可以预测天气变化，为农作物的种植、灌溉、病虫害防治等提供科学依据，减少自然灾害对农业生产的影响。农产品价格数据反映了市场供需状况，对农民种植决策、农产品销售等具有指导意义。通过分析价格数据，可以及时调整种植结构，优化资源配置，提高农业生产的经济效益。农产品产量数据是评估农业生产能力和效益的重要指标。通过对产量数据的分析，可以了解不同作物、不同区域的产量情况，为制订农业生产计划、调整种植布局提供依据。农产品质量数据直接关系到农产品的市场竞争力和消费者健康。通过收集和分析质量数据，可以加强对农产品质量的监管和控制，提高农产品的品质和安全水平。农资供应数据包括种子、化肥、农药等农业生产资料的供应情况。通过分析这些数据，可以合理安排农资的采购和储备，确保农业生产的顺利进行。农村环保数据反映了农村地区的生态环境状况。通过收集和分析这些数据，可以及时发现和解决农村环境问题，保护黑土资源，促进农业可持续发展。数据平台建设是整合各类农业数据资源、提供数据分析服务的重要载体。通过建设数据平台，可以实现农业数据的共享和交换，提高数据利用效率，为农业生产提供全方位的数据支持。

从实践看，黑龙江省农业大数据平台整合了农业气象、农产品价格、产量、质量、农资供应以及农村环保等多类数据资源。通过该平台，农民可以实时查询各类农业信息，为精准种植、科学管理提供数据支持。平台利用北斗技术实现农业领域"天空地"一体化精细服务，通过智能农机配合农作物生长监测预警系统，全面提升了农作物的质量和产量。同时，平台还提供了农产品市场分析和预测功能，帮助农民合理调整种植结构和销售策略。可以说黑龙江省农业大数据平台的建设有效促进了农业生产的智能化和精准化水平提升，提高了农业生产效率和经济效益。

吉林省"黑土粮仓"科技会战中的数据应用案例也很有代表性，吉林长春国家农业高新技术产业示范区"黑土粮仓"科技会战公主岭示范基地通过物联网农业气象站不间断监测作物生长环境的气象数据，并通过无线网络实时传输至管理平台进行分析，相关人员可以根据气象预报预警信息及时制定田间生产管理措施，有效应对灾害性天气对农业生产的影响。通过物联网农业气象站的数据支持，基地实现了对农田气象环境的精准监测和管理，提高了农作物的抗灾能力和产量稳定性。

五、人才的作用

人才是"黑土粮仓"建设中的第一资源，他们是推动农业科技创新、提升农业生产效率、保障粮食安全的关键力量。粮食种植人才掌握先进的种植技术和管理经验，能够优化作物品种结构，提高作物产量和品质，为粮食安全提供坚实保障；灾病防治人才在监测农作物病虫害、制定防控策略、推广绿色防控技术等方面发挥重要作用，有效减少灾害损失，保障农业生产安全；农机维修人才成为保障农业机械正常运转的关键，他们能够及时维修故障机械，提高农机使用效率，降低生产成本；农技推广人才负责将先进的农业技术和管理模式传递给广大农民，提高农民的科学种植水平，推动农业科技成果的转化应用；农产品销售人才熟悉市场需求和销售渠道，能够帮助农民拓展市场，提高农产品的市场竞争力，实现农产品的优质优价；农产品电商运营人才成为连接农产品与消费者的重要桥梁，他们利用电商平台推广农产品，拓宽销售渠道，提高农产品品牌的知名度；农村创业人才具有创新意识和创业精神，能够带动农村产业升级和经济发展，通过创办农业企业、合作社等形式，推动农业产业化和规模化经营。

从实践看，"北大荒工匠"土伟的故事能够体现人才的作用。他自 2007 年从延边大学农学院毕业后投身水稻种植事业，不仅在生产实践中取得了显著成绩，还在科技推广、试验示范、成果转化等方面做出了突出贡献。他成功运用暗室叠盘与钵育摆栽相结合的技术进行超早育秧，使秧苗生长期提前 10 天，有效解决了"倒春寒"对出苗的不利影响，提高了秧苗质量；他在农场率先推广叠盘暗室育苗技术，三年完成育苗任务 160 余栋，增产 8.4%，为种植户每亩增加收入 88.46 元；他深入研究智能绿色装备的工作原理和应用方法，实现了智慧整地、智慧插秧、智慧植保和智慧收割等作业环节的智能化，提高了农业生产效率和质量。吉林省的乡村振兴"订单生"计划走出了人才助力农业发展的新模式。为鼓励引导人才向艰苦边远地区和基层一线流动，吉林省创新启动实施了乡村振兴"订单式"培养计划，依托部分省属高等院校，重点为贫困地区和艰苦边远地区培养涉农专业本科生。自 2020 年实施以来，截至 2024 年 6 月，吉林省已招录了 783 名"订单生"，通过代缴学费、成边激励、编制保障、跟踪培养等政策激励，增强计划的吸引力，确保人才"留得住、用得上"。经过四年的实践探索，"订单式"培养已成为吉林省人才工作品牌项目，为基层培养了一批知农爱农、有本领、留得住、用得上的乡村振兴高素质专业人才，有力推动了乡村全面振兴。

六、设施的作用

基础设施是"黑土粮仓"建设和发展的基础，是前述要素发挥作用的保障。在"黑土粮仓"建设中，交通设施是连接农业生产地与市场的桥梁，对农产品的快速流通至关重要。良好的交通条件能够缩短农产品运输时间，降低物流成本，提高农产品的市场竞争力，除了高速公路外，良好的国道、省道、县道建设也十分必要；水利设施是农业生产的命脉，对于黑土地的保护与利用尤为重要，灌溉、排水等水利设施的建设能够有效解决农田灌溉问题，提高农田抗旱排涝能力，保障农业生产稳定进行；环保设施在减少农业面源污染、保护生态环境方面发挥着重要作用，通过建设污水处理设施、废弃物回收处理设施等，可以有效降低农业生产对环境的负面影响，实现农业绿色发展；通信设施为农业生产提供了信息化支撑，通过互联网、物联网等技术手段，农民可以及时了解市场信息、学习先进种植技术、远程监控农田状况等，实现农业生产的精准化和智能化；仓储设施能够缓解农产品集中上市带来的销售压力，保障农产品的安全储存，减少损耗，提高农产品的附加值，现代化的仓储设施还能够实现农产品的分级分类存储，满足不同市场需求，仓储设施还有利于强化农资保障；科研设施是农业科技创新的重要平台，通过建设高水平的实验室、试验基地等科研设施，可以吸引和培养农业科技人才，推动农业科技的研发和应用，为农业生产提供科技支撑；能源设施包括电网、加油站等，为农业生产提供了必要的动力支持；包括电力、燃油等能源供应，现代化的能源设施能够提升农业生产的机械化水平，降低生产成本，提高生产效率；应急设施在应对自然灾害、病虫害等突发事件时发挥重要作用，包括防洪排涝设施、病虫害防治设施等。这些设施能够减少由于灾害带来的损失，保障农业生产的安全稳定。

从实践看，这些设施建设发挥了有力的保障作用。如黑龙江省汤原县胜利粮食仓储物流园项目，包括建设粮食平房仓 55 座，总仓容达到 300 万吨，并配套建设了大米加工车间等设施，该项目不仅提升了当地粮食的储存和加工能力，还促进了区域农村经济的转型和发展。通过现代化的仓储设施和管理手段，有效保障了粮食的安全和质量，提高了粮食市场的供应稳定性。吉林梨树玉米科技小院成立于 2009 年，是中国农业大学与吉林农业大学共同创建的科研设施，旨在为零距离、零时差地开展县域农业科技创新与技术推广服务。科技小院配备了先进的实验设备和田间观测设施，用于开展土壤少免耕、秸秆还田、玉米养分综合管理、绿色种植等方面的科学研究。自成立以来，科技小院在作物节肥增效、高产高效、农业绿色发展等方面取得了显著成果，发表了多篇学术论文，并获得了多项国家和省级科技奖励。同时，科技小院还通过技术培训和服务，推动了当地农业科技的普及和应用。黑龙江省关门嘴子水库及梧桐河灌区续建配套与现代化改造项目位于黑龙江省鹤岗市，可新增和改善灌溉面积 50 多万亩。这些农田水利设施的建设将有效解决当地农田灌溉用水问题，提高灌溉效率和水资源利用率。同时，现代化的灌区管理手段将进一步提升农业生产的稳定性和可持续性，为当地粮食丰收提供有力保障。

小 结：奋斗的关系

从 1949 年至今，黑龙江和吉林两省的粮食产量从 991 万吨增长到 11975 万吨，人口从约 2000 万人增长到约 5500 万人，粮食播种面积从不到 1000 万公顷增长到 2000 万公顷以上，每年新增的粮食播种面积约为 15 万公顷。再次重复这组数据，主要是想表达黑土地上人、粮、地的关系从"自然的关系"转变为"奋斗的关系"——

包括为粮食奋斗、为土地奋斗、为国家奋斗等。

人与粮。由于近代以来特别是 20 世纪上半叶日本帝国主义对东北粮食资源的掠夺，导致东北地区黑土地上的粮食生产开始从"够自己吃"向"够别人抢"转变。1947 年之后，黑土地上的粮食生产又开始向支持全国解放和全国经济建设转变。在这个过程中，"以粮为纲"在绝大多数时间里成为黑土地上"人与粮"关系的主线——从粮食生产为黑土地上的人服务转变为黑土地上的人为粮食生产服务。这种转变也分为两个阶段，第一阶段（21 世纪前）是人向地要粮阶段，通过大力开荒、多用肥药等让粮食产量增加上去；第二阶段（21 世纪以来）是地向人要粮阶段，通过大力开发人力资源、提升科技支撑能力等让粮食产量增加上去。也可以说，人与粮的关系已经演变为从依靠人的体力劳动到依靠人的智力的奋斗推动粮食生产的关系。

人与地。这一时期，人与地成为附属于人与粮的关系，或者说是相对次要的关系。其中，在第一阶段（21 世纪前），人类活动打破了黑土地上原有的自然生态，植入了更多的社会生态，村庄、耕地以及牧场通过人类的奋斗基本上已经扩展到黑土地区域的各个角落；而在第二阶段，我们注意到了人类活动对黑土地的破坏，逐步开启了黑土地自然生态修复的过程，探索了很多有益的模式，但同时也要看到由于全国经济格局的变化，黑土地上肩负的粮食生产任务更重了，人与地之间的关系进入了开发与保护并重的阶段，科学技术成为人与地之间关系的重要节点。整体上看，人与地的关系正在实现着从完全依靠劳动力向依靠创新力转变。

粮与地。由于人与粮、人与地关系的转变，粮与地的关系也发生了重大变化。其中，在第一阶段（21 世纪前）更多地表现为向地（面积）要粮阶段，东北黑土区逐渐由林草自然生态系统演变为人工农田生态系统，半个世纪的高强度利用耕地，曾一度无限制地使用化肥、农药，严重地影响着黑土地上农业的持续发展。而在第二阶段更多地表现为向地（质量）要粮阶段，把粮食生产和耕地生态统筹起来，各类设施逐步完善，技术手段更为多元，推动黑土地恢复以及盐碱地治理等工作，用耕地质量的提升来保障粮食生产功能的实现。

邱会宁 摄

　　人、粮食和黑土地的关系，不论怎么变化，终究是发生在黑土地上。黑土地这片区域空间，不仅成就了人类历史的辉煌，也强化了粮食安全的保障，孕育了朴实无华的精神，形成了独特的经济发展规律。必须看到，在当代科学技术的支撑下，在历史发展教训的反思下，在全新发展理念的指导下，黑土地正在孕育着新的力量，并引领在其生产生活的人们走向新的未来。

第三章

黑土：新时代孕育新力量

第一节　新时代赋予新机遇

黑土地在历史上对民族融合、粮食安全、产业发展等已经做出了卓越的贡献。随着中国特色社会主义进入新时代，特别是进入到以培育壮大新质生产力为特征的新阶段，东北地区黑土地的综合发展力量正在不断呈现，正在不断地产生新的动能，自觉迸发出新的活力。

一、黑土地不仅仅是耕地

一提到黑土地，很多人就会联想到耕地、联想到农业、联想到粮食生产。这种近乎固化的思维至少影响了一代人的观念。2022年联合国粮农组织发布的《全球黑土报告》显示，全球7.25亿公顷的黑土地中，只有2.27亿公顷是耕地，还有2.12亿公顷是森林、2.67亿公顷是草原。在这份报告里没有说明剩下的0.19亿公顷黑土地的用途，但可以肯定的是其中很大一部分被用作黑土地上2.23亿人口的生产生活空间，包括城市、村落、道路设施等等。《全球黑土报告》还显示，中国黑土地面积约为0.5亿公顷，在世界各国中居第三位，仅次于俄罗斯联邦（约3.27亿公顷）和哈萨克斯坦（约1.08亿公顷）。《东北黑土地白皮书（2020）》显示，在中国东北地区约1.09亿公顷的黑土区中，森林占比约为43%，耕地占比约为32%，草地占比约为13%，人口生产生活空间约为3%。如与《全球黑土报告》口径一致，则东北地区约0.5亿公顷的典型黑土地上，估计耕地占比超过55%，草地占比约为25%，林地比重约为15%，人口生产生活空间约为5%。这些数据也说明了一个观点：黑土地不仅仅是耕地，更是一个经济系统、一个生态系统、一个文化系统……或者说黑土地是一个具有特殊性质的区域空间。

（一）黑土地是一个独具特色的经济系统

在中国的区域经济体系中，东北地区以其鲜明的产业特征往往被作为一个独立的经济板块来对待，这个经济板块包括黑龙江、吉林、辽宁三省和内蒙古东部五盟市（赤峰市、通辽市、呼伦贝尔市、兴安盟、锡林郭勒盟）。然而需要看到，处于这个经济板块中北部的黑土地区域，也正在形成一个具有特色的次级经济系统。这个次级经济系统主要位于松嫩平原和三江平原区域，粮食生产以及粮食经济是这个次级经济系统的关键内容。

黑土地是一个产业经济系统，而且是一个具有悠久历史的产业经济系统。中国东北地区黑土地以其肥沃的土壤和适宜的气候条件，成为中国乃至世界重要的粮食生产基地。黑土地上不仅玉米、水稻、大豆等农作物的产量丰富，而且猪、牛、羊等畜禽养殖业也十分发达，这些初级产品为产业经济发展提供了充足的生产原料支撑。东北地区黑土地上一代代的创业者们，围绕农业生产，不断延伸产业链，从最初的粮食酿酒、豆腐豆油等食品到后来的玉米化工、粮食精深加工等，再到包括种子研发、农机制造、预制菜、物流运输、农产品电商等完整产业链，这些产业链的延伸以及拓展在提高了农产品附加值的同时，也创造了大量的就业机会，为人类在黑土地上的繁衍生息提供了更加强大的保障。在农业产业链不断强化的同时，黑土地上的其他资源也得到了全面开发和利用，黑土地下深埋的石油、煤炭等资源支撑了黑土地上石油化工以及采矿产业的发展；黑土地上富裕的风能、水能、光能、生物资源等支撑了黑土地上能源、新能源产业以及医药健康产业的崛起；黑土地上集聚的高校、科研院所、科技企业支撑了黑土地上卫星、机器人、高铁装备等高新技术产业的发展。总体而言，从资源生产到产品生产再到知识生产，中国东北地区的黑土地区域产业经济系统正在不断升级和完善。

（二）黑土地是一个城乡循环的区域系统

在中国东北地区的黑土地上，已经形成了一个城乡循环的区域系统。在最典型的黑土地区域，一批重量级城市正在加速发展。根据住建部《2022年城市建设统计年鉴》数据，以城区人口和城区暂住人口合计数来衡量城市规模，处于黑土地核心区的哈尔滨市和长春市分别为498.86万人和481.42万人，处在由大城市向特大城市发展的突破期。齐齐哈尔、大庆、吉林、四平、松原、绥化等城市人口集聚也都达到了一定规模；梨树、公主岭、榆树、舒兰、五常、肇东等一批县域城市也均在特色发展之路上进行了探索。由大城市、中等城市、小城市、特色城镇以及乡村构成的区域经济系统，在交通设施改进、电商技术升级、机制体制创新等支撑下正在加速城乡循环进程，创造新的发展场景。

东北黑土地上的城乡循环系统是一个复杂而重要的系统，它将农村与城市紧密地联系在一起，通过资源的流动和产业的互动，实现城乡之间的协调发展。在这个系统中，黑土地作为农业生产的重要基础，为农村提供了丰富的农产品和原材料。同时，农村的农产品加工业、畜牧业等相关产业也在不断发展壮大，为农民提供了更多的就业机会和收入来源。随着城市化进程的加快，城市对农产品的需求不断增加，这为农村的发展提供了新的机遇。农村通过提供优质的农产品和原材料，满足了城市的需求，同时也获得了更多的经济收益。同时，城市中的资金、技术、人才等资源也向农村流动，为农村的发展提供了有力的支持。在城乡循环系统中，农业废弃物和城市生活垃圾等资源的循环利用也成为一个重要的环节。这些废弃物经过加工处理后，可以作为肥料、饲料等资源重新利用于农业生产中，实现资源的循环利用和环境保护。此外，城乡之间的旅游、文化、教育等领域的交流和合作也在不断加强。城市居民可以前往农村体验田园生活、品尝农家美食、感受乡村文化，而农民也可以通过参与旅游业等方式增加收入。

（三）黑土地是一个持续发展的生态系统

中国东北的黑土地在历史的发展过程中曾经遭遇过严重危机。在习近平生态文明思想的指导下，在这片区域人民群众的共同努力下，黑土地正在呈现让黑土层更厚更肥沃，让粮食更绿色更有机，让人民群众更富足更健康，着力构建起以新质生产力为支撑的、以支持发展为目的的特色生态系统。让黑土地上的森林草原耕地结构更加合理，让黑土地上的生物多样性进一步恢复，让秸秆还田、保护性耕作等措施全面推进，让绿色有机农产品品牌更加强劲，黑土地正加速呈现新面貌。

《全球黑土报告》指出，土壤参与了使地球上生命得以生存的大多数生态系统服务，例如提供食物、纤维、生物能源和水；气候、天然气、洪水、干旱、土地退化、水质和病虫害的调节；支持养分循环和生物栖息地等，其中黑土具有独特的土壤特性——高土壤有机质含量和阳离子交换能力，更好的土壤物理特性（土壤结构，孔隙度，水力传导率和渗透）以及土壤和淡水的栖息地，气候调节，侵蚀控制和水净化，以及养分循环的支持等。阿迪克里（Adhikari）和哈特明克（Hartemink）（2016）研究了土壤与生态系统之间的联系，展现了从土壤（soil）到土壤特性（soil characteristics）到土壤功能（soil functions）到生态系统服务（ecosystem services）再到人类福祉（human well-being）的联系。中国东北的黑土地作为"耕地中的大熊猫"，甚至全球最适宜耕种的土地，更要加强对其作为可持续发展的生态系统的重视和研究，开展好包括碳排放、生物多样性、环境保护、应对气候变化等各项工作，以便让这片黑土地更好地存在下去、肥沃下去、持续下去。

（四）黑土地是一个共建共享的文化系统

黑土地不仅是一个经济系统、区域系统、生态系统，更是一个共建共享的文化系统。众所周知的东北地区移民文化、"二人转"文化，2024年元旦哈尔滨旅游中体现出来的冰雕文化、鄂伦春族文化，2024年1月查干湖冬捕体现出来的蒙古族文化，2024年五一期间长春旅游体现出来的西游文化、影视文化……充分体现了东北地区黑土地上的共建共享文化特征。

在黑土地这样的地区，由于其独特的地理环境和资源条件，孕育出独特且丰富的文化形态是具有必然性的。一是黑土地为农业的发展提供了得天独厚的条件，农业文化往往十分发达，农民们积累了丰富的耕作经验和农业知识，形成了独特的农业生产方式和农业文化。二是黑土地的农业文化也影响了当地的社会结构、生活方式和风俗习惯，农民们可能会根据农事活动的节奏来安排日常生活和节日庆典，形成了与农业紧密相关的社会习俗和文化传统。三是黑土地的文化还体现在其独特的艺术形式和建筑风格上，农民可能会创造出具有浓郁地方特色的民间艺术，如民间音乐、舞蹈、戏剧等，黑土地的建筑风格还会受到当地自然环境、文化传统、周边国家风格的影响，并综合形成独特的建筑风格和景观。四是黑土地的文化还体现在由于农业文化以及广阔的农业空间所共同作用而产生的、人们天生的开放共享、互助友爱的文化。五是东北地区黑土地区域具有十四年抗日战争历史，是全国最先被解放的区域，红色文化、爱国文化十分厚重……

可以说，进入新时代，我们看待和认识黑土地，绝不能仅仅把它当作耕地，而是要"坚持系统观念"，充分地去认识黑土地作为经济系统、生态系统、区域系统、文化系统等方面的综合功能。只有这样，黑土地才能自觉地萌发和呈现出新的力量，带给黑土地上的人民群众更好地发展未来。

二、黑土地迎来的新机遇

（一）黑土地的战略地位得以提升

东北地区黑土地战略地位的提升主要体现在以下几个方面：一是粮食生产重要基地作用更为凸显。东北地区的黑土地因其肥沃的土壤和优越的气候条件，成为我国重要的粮食生产基地。其粮食产量占全国总产量的四分之一、调出粮食占全国的三分之一，为保障国家粮食安全做出了巨大贡献。二是农业现代化示范区建设意义重大。随着农业现代化进程的加快，东北地区黑土地在农业科技、农业机械化、农业信息化等方面取得了显著进展，成为全国农业现代化的示范区。这不仅提高了农业生产效率，也提升了农产品的质量和竞争力。三是区域生态环境保护屏障功能得以强化。东北地区黑土地在维护区域生态平衡、保护生态环境方面也发挥着重要作用。黑土地具有良好的水土保持能力，能够有效防止水土流失和土地沙漠化。同时，黑土地也是重要的碳汇资源，对减缓全球气候变化具有重要意义。四是具有战略资源储备库的重要功能。东北地区黑土地资源丰富，是我国重要的战略资源储备库。随着国家对粮食安全和资源储备的重视，东北地区黑土地的战略地位进一步提升。通过加强黑土地保护和合理利用，可以确保国家粮食安全和资源安全。五是区域经济发展的重要支撑。东北地区黑土地的发展不仅促进了当地农业的发展，也带动了相关产业的繁荣和区域经济的增长。黑土地资源的开发利用为当地农民提供了就业机会和收入来源，同时也吸引了大量投资和企业入驻，推动了区域经济的可持续发展。

（二）黑土地的生态效益正在显现

东北地区黑土地的生态效益正在逐渐显现，主要得益于近年来国家对黑土地保护和利用的重视，以及一系列有效的保护措施的实施。

这些生态效益主要体现在如下几个方面：一是黑土地的保护性耕作面积不断扩大，减少了土壤侵蚀和退化，从而提高了土壤质量和肥力。保护性耕作技术如秸秆还田、深松深耕等，有助于保持土壤水分和养分，改善土壤结构，增强土壤的生物活性。这些措施的实施，不仅提高了农作物的产量和品质，也为生态环境的改善奠定了基础。二是植被恢复和生态修复工作的加强，使得黑土地生态系统的稳定性得到提升。在退耕还林还草的过程中，选择适应东北气候特点的树种和草种进行种植，有助于恢复植被覆盖，提高生态系统的碳汇能力。同时，建立完善的水土保持设施，加强水源涵养和防止水土流失，进一步提升了黑土地生态系统的稳定性和生态服务功能。三是碳汇功能和效益加速显现。黑土地作为一种高肥力的土壤，其有机质含量丰富，平均含量一般在 3% ~ 10% 之间，这使得黑土地成为巨大的土壤碳库，拥有巨大的固碳潜力。合理开发与保护黑土地，大力发展低碳农业，深入挖掘黑土地土壤碳汇潜力，有助于高效发挥土壤碳库作用，推广保护性耕作、秸秆还田、作物轮作模式等措施可以提高黑土地的碳汇能力，加强对秸秆和畜禽粪污的利用，也有利于将碳固定在土地中，增强黑土地生态系统的固碳功能。四是黑土地保护政策的制定和实施，也促进了生态效益的提升。政策方面，国家加大了对黑土地保护的投入力度，加强了对黑土地保护利用的监管和管理。同时，推广先进的农业技术和模式，如精准农业、生态农业等，减少了对黑土地的过度开发和利用，促进了农业的可持续发展。

（三）黑土地的科技创新大幅提升

国家和东北地区在黑土地保护方面的科技创新工作已经得到显著提升，具体体现在以下几个方面：一是联合推动黑土地保护政策。科技部与东北四省（区）联合推动黑土地保护工作，旨在通过科技创新推动黑土地保护利用关键核心技术攻关和成果转化落地，形成黑土地保护利用科技支撑系统解决方案，保障国家粮食安全。二是科技创新在保护黑土地中的应用。针对黑土地"变薄、变瘦、变硬"的问题，科研人员结合地理学、大数据、现代农业技术，建立起空天地一体化监测与感知系统，实现了农业智能技术与黑土地保护利用的深度融合。同时，为黑土地定制开发的智能农机也实现了全程无人化"耕种管收"作业。三是推广新型保护技术和模式。在保护黑土地的过程中，大力推广新型保护技术，如减少耕作次数、实施免耕少耕、秸秆还田、轮作制度等，以减少对耕作土壤的直接干扰，增加有机物质积累。这些措施都是基于科技创新的成果，有助于提高黑土地的粮食产能和农业绿色发展。四是加强农田基础设施建设。在推进科技创新的同时，也加快了农田基础设施建设。这包括灌排设施建设、田间道路修建、土壤改良、电力设施配套建设等，并在实践中添加了信息化、智能化等发展智慧农业的元素。这些措施为提高农业生产效率提供了基础保障，也进一步强化了黑土地保护的科技支撑。五是加强黑土地保护的科技普及工作。建立健全黑土地保护科技服务体系，为农民和农业技术人员提供技术咨询、技术指导和技术支持。通过设立科技服务站点、建立科技服务团队等措施，为农民和农业技术人员提供及时、有效的科技服务。针对农民和农业技术人员，开展了一系列黑土地保护科技培训和示范推广活动，通过举办培训班、现场示范、技术讲座等形式普及黑土地保护知识。利用广播、电视、报纸、网络等媒体，广泛宣传黑土地保护的重要性和科技普及的意义，提高公众的科技素养和环保意识。

（四）黑土地的政策体系加速完善

黑土地保护更加注重综合治理，通过完善政策体系，强化宏观引导能力，推动调整优化农业结构和生产布局，推进种养循环、秸秆粪污资源化利用、合理轮作等综合治理模式，促进黑土地在保护中利用、在利用中更好地保护。一是黑土地保护法律法规逐步健全。2022 年 6 月 24 日，第十三届全国人民代表大会常务委员会第三十五次会议通过了《中华人民共和国黑土地保护法》，使中国成为世界四大黑土区唯一一个在国家层面通过专门立法来保护黑土地的国家。《黑龙江省黑土地保护利用条例》构建了严格规范的责任体系，着重解决黑土地保护利用工作中的"单打独斗"和"各自为战"情况，建立黑土地保护长效机制。《吉林省黑土地保护条例》将黑土湿地纳入保护对象，创设分区分类保护机制，构建了严格的保护体系和责任机制。同时，《中华人民共和国土地管理法》《中华人民共和国基本农田保护条例》《中华人民共和国环境保护法》《中华人民共和国水土保持法》等和地方关于耕地保护、农业环境保护、水土保持的规章制度，为黑土地保护提供了有力的基础法治保障。二是黑土地保护政策支持体系不断完善。《东北黑土地保护规划纲要（2017—2030 年）》《东北黑土地保护性耕作行动计划（2020—2025 年）》《国家黑土地保护工程实施方案（2021—2025 年）》等相继出台，黑土地保护已经连续 3 年作为重要内容写入中央一号文件（2021—2023 年）。东北黑土区各省（市、县）将黑土地保护利用纳入"十四五"规划的重要任务。三是黑土地保护标准与规范更加健全。农业农村部、水利部和地方有关部门出台了多项关于黑土地保护的标准规范，初步形成了黑土地保护标准体系，如《东北黑土区旱地肥沃耕层构建技术规程》和《黑土区水土流失综合防治技术标准》等。

第二节　新时代推动新实践

我国以及东北地区在黑土地保护和开发利用方面进行了长期的实践，这些实践在新时代取得了新的成果，为新时代推进黑土地保护工作和实现黑土地上的可持续发展奠定了坚实的基础。"七个示范区"和"六个模式"展示了这些实践的内容。

一、"七个示范区"建设成果

（一）厚层黑土保育与产能高效提升——海伦示范区

海伦示范区位于松嫩平原腹地的海伦市，核心示范区建设面积1.5万亩，针对松嫩平原中北部厚层黑土区气候冷凉和水土流失等限制粮食产能增效的突出问题，研究集成有机物料深混、玉米—大豆轮作等核心技术，打造了黑土地保护利用"龙江模式"，入选《国家黑土地保护工程实施方案（2021—2025年）》，在松嫩平原中北部32个县（市、区）辐射推广应用。2022年示范区主推黑土地肥沃耕层构建与保育技术，以及秸秆腐熟剂和有机肥堆沤发酵等新技术，通过6个综合技术示范基地和20个技术推广服务站的示范引领作用，在哈尔滨市、绥化市和黑河市等地推广应用3110万亩。核心示范区实现了土壤耕作层厚度增加至33cm，容重下降13%，全耕作层土壤储水量提高15%，耕层土壤有机质提升了1.3克/千克，春季土壤地温提高1.0℃～1.5℃；提出了大豆优质高产高效栽培模式，东生51高蛋白大豆品种配套110cm大垄密植栽培、测土配方施肥和有机水溶性肥料喷施等技术，实现了大豆产量提高10%以上，蛋白质含量提升 1% 以上。构建了松嫩平原所有类型黑土地肥沃耕层构建地方标准体系，"东北黑土地肥沃耕层构建与保育技术"被列入农业农村部粮油生产主推技术，"东北黑土地保育技术"入选农业农村部2022 年农业农村产业发展重大技术需求清单。坡耕地区域黑土地保护通过改善渗井设计和加强沟尾防护，升级了秸秆填埋侵蚀沟复垦工艺，解决侵蚀沟复垦后的稳定性问题，提升了恢复后农田抵御自然灾害的能力，地表径流减少 95% 以上。

（二）薄层退化黑土保育与粮食产能提升——长春示范区

长春示范区核心区位于吉林省梨树县、农安县、公主岭市和东辽县，核心示范区面积 3.7 万亩，针对土壤耕层变薄、有机质含量下降、农业综合效益低等问题，示范区组装集成保护性耕作、秸秆还田、生态修复、种养循环等关键技术，升级示范"梨树模式 2.0"，打造以薄层退化黑土区地力提升、粮食稳产高产、农业可持续发展三大技术体系为核心的农业创新发展模式，辐射推广范围包括吉林省玉米主产区。2022 年示范区重点升级了以高产增效保护性耕作综合技术体系为核心的"梨树模式 2.0"，示范推广以矮秆密植作物为主体的粮豆轮作模式，以保护性耕作有机肥还田技术为核心的种养循环农业模式，助力"梨树模式 2.0"沃土培肥，在吉林省梨树、双辽、农安、公主岭、榆树等市县建立 18 个千亩辐射基地，年度推广应用 2400 余万亩。核心示范区实现秸秆覆盖地块土壤温度增加 1℃～3℃，土壤水分平均提高 11.5%，节肥 12.3%～30%，平均增产 10%，连续实施秸秆全量覆盖还田保护性耕作农田黑土固碳达速率 0.8 吨碳／公顷／年。示范区突破单点—单边—单项技术应用及效应评估，融合耕作栽培、品种、管理、农机创新升级，形成技术区域化、参数精细化、机具系统化、管理一体化的保护性耕作综合技术体系，构建区域版"梨树模式 2.0"，实现土壤保育与粮食产能提升协同发展；突破秸秆全量还田难、离田打包表土剥离且传统收贮霉变率高、寒区冬季堆肥起温难的瓶颈，形成茎穗兼收玉米秸秆实时黄贮饲料化技术与有机废弃物冬堆春用技术，利用种养循环关键接口技术，实现秸秆高值化循环利用。玉米宽窄行交替休闲种植技术连续 2 年入选吉林省主推技术，秸秆饲料化加工利用关键技术入选 2022 年度农业农村部和吉林省主推技术。

（三）智能化农机关键技术集成与产业化应用——大河湾示范区

大河湾示范区位于内蒙古自治区呼伦贝尔市扎兰屯市大河湾农场，核心示范区面积 3 万亩，辐射大兴安岭东南麓地区。针对棕壤土层薄、漫坡漫岗、低温冷凉、春旱夏涝、风蚀水蚀、有机质流失现象严重等问题，将新一代信息技术、智能装备、人工智能、大数据等技术与黑土地保护性耕作农艺技术充分融合，依托国营农垦集团规模化、机械化种植的产业基础，探索构建以"数字化决策 + 智能化执行 + 针对性保护性耕作"为核心的黑土地保护"大河湾模式"，将大河湾示范区打造成黑土地保护与产业融合发展的现代化农业示范标杆与典范。2022 年示范区利用自主研发的土壤能谱探测仪、无人测土机器人等硬核科技与多种技术手段，建立了"天—空—地—人—机"一整套完整的信息采集系统，并建立了多源异构数据融合的物联网云平台，初步摸清了大河湾示范区 493 个地块 16.1 万亩如碱解氮、有效磷、速效钾、有机质含量、黑土厚度等 3 大类 15 个小类的黑土本底数据，并进行了年度分析对比。建立了连队级、地块级、种植作物种类级、10m×10m 网格级的四级网格体系，为农场精细化管理奠定了基础。初步建立了地块打分评价体系和黑土地演变与利用方式的基本关系模型库。基于采集的数据和建立的模型，通过人工智能等技术在信息系统中模拟仿真，形成针对具体地块的黑土地保护与利用决策体系。系统提出了"深耕种植大豆—免耕种植玉米—免耕种植玉米"三年轮作一遍，三年深翻一次的大河湾定制化"简化农艺"保护性耕作种植模式。该模式使得大豆农事作业次数由 8 次下降为 6 次，玉米农事作业次数由 11 次下降为 6 次，减少作业次数的同时减少了地面压实，缓解了黑土地变"硬"危害，降低了人工成本，玉米、大豆综合效益提升分别达到 14.7% 与 10.9%。集成创制出全套与"大河湾模式"相匹配的智能农机 / 农机具，研发了与之匹配的农机大数据平台，对农机自身状态以及作业质量形成监测，建立农机作业调度模型，农机作业调度效率提升约 12%。针对呼伦贝尔农垦集团开发了种植信息化系统，覆盖 24 个农牧场 600 万亩耕地，实现地块信息、耕种管收农事统计、日常巡田上报等功能，整体效率提升 10% 以上。

（四）盐碱地生态治理与高效利用——大安示范区

大安示范区位于吉林西部的白城和松原地区，核心示范区面积 5 万亩。针对土壤盐碱障碍严重、作物生产低质低效、生态环境脆弱等关键问题，示范区集成改土培肥、脱盐降碱、抗逆品种与适生栽培等核心技术快速实现盐碱地障碍消减与综合产能提升，打造良田 + 良种 + 良法"三良一体化"盐碱地综合治理与高效利用大安模式。相关技术推广范围辐射吉林西部 9 个县（市、区）。2022 年示范区重点示范和推广了盐碱地以稻治碱改土增粮、盐碱旱田改良及其高效利用、盐碱草地生产力提升与生态屏障构建、盐碱湿地资源利用与生态功能提升技术。在吉林西部大安、长岭、镇赉、洮南、洮北等地建立了 7 个技术示范推广点，年度辐射推广面积 760 万亩。通过覆沙埋秸、以稻治碱等核心技术的示范推广，实现土壤 PH 值平均下降 0.5 个单位以上，电导率指示的土壤盐分含量平均下降 40% 以上。东稻 122 水稻、东生 118 大豆等耐盐碱新品种分别在重度盐碱水田、旱田实现 480 公斤 / 亩、210 公斤 / 亩的产量突破；重度盐碱地水稻产量平均达 417 公斤 / 亩，轻度盐碱地水稻产量高达 625 公斤 / 亩；埋秸、覆沙改造重度盐碱旱田玉米籽粒产量分别达 338

公斤 / 亩和 428 公斤 / 亩，盐碱旱田玉米"324"新耕作水肥一体化种植模式实现增产 33%；水田测深施肥、无人机变量施肥及旱田水肥一体化肥料助剂施用，盐碱农田综合实现节肥 7% 以上；通过草地补播施肥、稻苇鱼蟹种养结合、以养促改等核心技术恢复、改良退化草地、湿地 2 万余亩，实现草地生产力增加 20% 以上，示范区生产—生态功能协同提升。相关技术和研究成果获吉林省农业主推技术和品种 6 个，制定地方标准 6 项，培训技术骨干 3000 余名，有力推动了吉林省"千亿斤粮食工程"和"千万头肉牛工程"的实施。

（五）水稻土和白浆土质量与产能提升——三江示范区

三江示范区位于三江平原，核心示范区 1.51 万亩。针对地下水位季节性下降、土壤障碍严重、低温冷凉、种肥药水投入粗放等问题，集成示范水土资源优化配置与高效利用技术、寒地水田地力提升与抗逆丰产技术、白浆土旱田障碍消减与地力提升技术、黑土地保护与智慧农业融合发展技术，构建黑土地保护性利用"三江模式"。在三江平原辐射推广，为改善三江平原土壤质量、提高产能提供解决方案。2022 年重点示范白浆土心土培肥技术、白浆土机械改土、专用改良剂改良配施套餐肥和作物高产高效栽培技术，秸秆还田及其快速腐解技术、旱平免提浆技术、生物质基质板高效育秧技术、节水控制灌溉技术、北方稻区土壤培肥与绿色增产增效技术、寒地稻田简化高效侧深施肥新技术、变量施肥、坡耕地等高种植技术等，辐射推广面积达 2000 万亩。核心示范区实现综合节水 27%，农田退水氮磷净化效率提升 35%，有效耕层增加到 30cm，土壤速效养分含量显著提高，水田增产 12% 以上、旱田增产 14% 以上。示范区研制出了一套结合机械改土、应用自主研发的专用改良剂和套餐肥产品，配合耕层快速培肥的玉米和大豆高产栽培技术，形成了白浆土田产能快速提升技术模式。与当地常规模式相比，该技术模式耕层土壤有机质含量增加到 30 克 / 千克，土壤硬度降低 13%，土壤速效养分含量显著增加，玉米和大豆产量增加 14% 以上。白浆土心土培肥技术、旱地变量施肥技术入选第一批《黑土地保护利用科技创新成果》。北方稻区土壤培肥与绿色增产增效技术、寒地稻田简化高效侧深施肥新技术被列为黑龙江省主推技术模式。

（六）退化黑土地地力恢复与产能提升——沈阳示范区

沈阳示范区位于辽宁省，核心示范区面积 2.5 万亩。针对东北黑土地南部土壤瘠薄、用养失调、结构失衡、水肥矛盾突出、季节性干旱频发等问题，示范区优化了秸秆原位循环保护性耕作技术，初步构建了生态有机资源的高效获取体系、风沙半干旱区农田立体防风抗蚀技术体系和稻区绿色种植培肥技术体系。在沈阳市、凌源市、阜新市、朝阳市、沈北新区、盘锦市、建平县等地推广应用。2022 年度示范区集成了农田立体防风抗蚀技术体系，构建了"地上种植模式优化 + 地表秸秆残茬覆盖 + 地下防蚀耕层构建"立体协同综合防蚀体系，示范区农田风蚀量年均减少 452 公斤 / 亩。突破了多功能一体铺设播种、浅埋滴灌水氮协同增效等关键技术，研制出浅埋滴灌铺设机具和水肥药一体轻简化施用装置，实现了秸秆覆盖免耕与浅埋滴灌节水促肥技术的组装集成，创新集成了春玉米机械化浅埋滴灌节水促肥技术模式，在阜新、朝阳、锦州等地进行示范推广，平均产量达 650 公斤 / 亩，水分利用效率提高 8%、氮肥利用效率提高 10%，实现了节水促肥固土生产目标。建立标准垄宽窄行免 / 少耕、大垄免 / 少耕、大 / 小二比空等技术模式，集成并完善秸秆原位循环保护性耕作技术体系，优化种植模式、秸秆覆盖模式、秸秆归行模式以及农艺—农机结合的条带耕作模式，核心示范区玉米平均产量为 930 公斤 / 亩，其中宽窄行免耕技术模式产量达到 1020 公斤 / 亩。将秸秆直接还田变为"收储—炭化—产品化—还田"的技术链条，促进稻田秸秆全量还田，实现水稻平均增产 6%。试制原位覆膜发酵工程样机，使水稻秸秆堆腐时间缩短 10%、成本减少 10%。上述主推技术分别在昌图县、沈北新区、阜蒙县建立 5 个技术示范推广点，并累计推广辐射面积达 850 万亩。目前，玉米秸秆覆盖保护性耕作技术被列为农业农村部主推技术模式，秸秆炭化还田固碳减排技术被列为农业农村部引领技术模式。

（七）黑土粮仓全域定制——齐齐哈尔示范区

齐齐哈尔示范区位于黑龙江省西部松嫩平原腹地，2022 年示范区建成"一部两区多点"（作战指挥部、攻关试验区、核心示范区和 13 个标准化示范推广点）示范推广平台，年度示范面积达到 1 万亩。针对黑土退化类型多样、障碍性因子复杂、农业效益不高等问题，示范区构建黑土健康调控、保育增效、增碳增效、乡村振兴四大技术体系和全域定制模式"分区施策""依村定策""一地一策"三大策略体系，为我国黑土地科学保护与治理提供系统方案。2022 年示范区积极响应黑龙江省"稳粮增豆"战略，重点主推玉豆轮作大垄双行密植栽培技术，"两免一深松"保护性耕作技术，试验示范了黑土健康调控技术、旱田／稻田保育增效技术、绿色有机种植技术，达到了作物结构优化、肥药减施条件下的稳产增产和地力提升目标，总体实现了示范区土壤有机质由降转升，粮食单产提升 6% 的目标。黑土健康调控技术体系集成化肥减施增效、减蚀抗旱保肥、玉米宽台匀密通透栽培、提质增抗分层立体施肥等技术，实现了肥药减施 15% 条件下作物不减产。旱田保育增效技术体系集成高留茬秸秆覆盖、液体粪肥高效利用、条带复合种植、多年轮作种植等关键技术，实现土壤侵蚀减少 50%、地力提升 0.7 个等级；稻田保育增效技术体系集成稻草带水秋整地、秋深翻、秋旋全量还田等关键技术，实现水稻增产 6%、地力提高 0.5 个等级、氮磷减排 30%。多源增碳增效技术体系集成种养循环、多源有机物料高效还田、次表土层保护性增碳深松深施技术、绿色有机种植技术和肥料高效发酵技术，促进土壤有机质平均提升 3 克／千克。完善了黑土地保护与乡村振兴融合规划技术方案和面向黑土地保护的实用性村庄规划技术体系，构建了种养加循环产业融合发展技术体系。通过构建"星—空—地—网"全域定制立体监测系统和黑土地保护与综合利用技术及成效知识库，建立数据库与智能决策平台，实现"分区施策""依村定策"和"一地一策"三个层次的差异化策略制定，输出全域定制系统方案。同时，面向全域定制的作物品种优选与高效栽培技术，在冷凉湿润中厚黑土区示范"黑土地优耕适种"综合技术，在风沙干旱浅薄黑土区示范"黑土地覆盖免耕"和"黑土地覆盖防风蚀"综合技术，实现风蚀强度降低近 20%，农业综合效益提高 6%。在齐齐哈尔市 9 县 1 区已建成 13 个 500 亩及标准化示范推广基地，2022 年度推广辐射面积达到 863 万亩。"两免一深松"被列为黑龙江省主推技术模式，稻田水打浆还田技术纳入农业农村部行业标准计划。

二、"六个模式"创新实践

（一）"梨树模式"

吉林松辽平原素有"黄金玉米带"的美誉，是国家粮食主产区之一。通过数十年实践形成的"梨树模式"得到了全社会认可，对黑土地资源开发与保护具有重要价值。梨树县从 2007 年起，与中国科学院沈阳应用生态研究所、中国农业大学等 14 家高校、科研机构加强合作，根据东北地温低的特点，研究出"秸秆覆盖、条带休耕"的保护黑土地的新型模式，称之为"梨树模式"。这种模式不仅可以增加土壤有机质，还可以预防风蚀、水蚀，是一种保护利用黑土地的绿色种植技术，可以融合农业与科技，推进"藏粮于地、藏粮于技"的实施。"梨树模式"的方式是多样化的，其中有秸秆覆盖免耕种植方式、秸秆覆盖条带旋耕种植方式、秸秆覆盖垄作种植方式、高留茬垄侧栽培种植方式。通过"梨树模式"能够实现玉米秸秆还田覆盖技术的实施，减少田间生产环节的耕作次数，降低成本，并促进机械化栽培的全面实施。从成本角度来看，"梨树模式"在实施过程中不需要燃烧秸秆，每公顷田地通过机械化作业能够节约上千元成本；从产量角度来看，与传统农业种植方式相比，一般年份能够提升产量约8%。以"梨树模式"为基础，吉林省越来越重视保护性耕作对耕地质量的影响，正在以玉米秸秆全覆盖为核心，通过保护性耕作技术试验示范全面推广该技术体系。

2024年7月，农业农村部的有关资料显示，吉林省四平市"梨树模式"从2020年的366万亩发展到2024年的623万亩，实现了适宜区域全覆盖，黑土层变薄、变瘦、变硬趋势实现逆转，在吉林省推广面积达到3700万亩，在东北四省（区）推广面积超过8000万亩。其最新的做法包括：（1）创新"4+X"种植模式，保护性耕作更加节本增效。在全国首创以4种方式（秸秆覆盖免耕种植、秸秆覆盖条带旋耕种植、秸秆覆盖垄作种植、高留茬垄侧栽培种植）为主的黑土地保护性耕作模式基础上，创新将秸秆科学离田和粪肥堆沤还田、粪肥菌酶协同生态还田等融入"梨树模式"，形成了更加节本增效的"4+X"新模式，探索出一系列适应山区、丘陵、低洼易涝地区、中低产田的黑土地保护创新技术，"梨树模式"实现了跨越式发展。经过多年技术研究和深化实践，应用保护性耕作技术5年的地块遏制了黑土层"变薄""变瘦""变硬"趋势；经过15年示范应用的保护性耕作基地，黑土层物理性状指标明显改善。（2）建设现代农业生产单元，一体化经营加"双保全统"。现代农业生产单元，即以政府为主导，由合作社等新型经营主体实施，金融、保险、粮贸、涉农企业、社会服务组织等共同参与，是"梨树模式"的创新与拓展。现代农业生产单元建设实行333模式，3名人员（一个经营者、两名机手）、3套机具（一台六行免耕播种机、一台六行条带旋耕机、一台六行收获机）、300公顷土地（一个作业单元）为一个单元，引入植保、粮贸等社会化服务主体，探索成本保障和产量保障、合作社统一生产资料、统一种植模式、统一播种、统一田间管理、统一收获的"双保全统"模式。在这种模式下推动建立 10 个"梨树模式"核心基地（即现代农业生产单元），建立 100 个"梨树模式"乡镇级示范基地，建立 1000 个覆盖全县的"梨树模式"村级展示基地，以促进黑土地保护配套技术的优化集成。（3）农机农艺高效融合，专利成果填补空白。"梨树模式"率先在东北黑土区实现了秸秆全覆盖技术"国产化"、免耕播种机具"中国化"、耕作技术推广"系统化"。农机装备创新升级取得新进展，与中国农业大学、农机企业合作，成功研发出最新一代"梨树模式"多功能免耕播种机，实现了一次进地同时完成秸秆归行、条耕整地、化肥深施、精准播种等 12 项作业，具有节约成本、提升产量的双重效能，取得十多项专利成果；联合高校院所，编写《玉米秸秆条带覆盖免耕生产技术规程》等多个地方标准，使农户和新型经营主体有所遵循、标准化实施；举办梨树黑土地论坛、科技活动日、网上科技大讲堂等活动，加快探讨解决生产中的实际问题，培育新型职业农民；建立企业与农业生产者联动机制，建立示范推广、技术应用补贴以及常态化技术宣传机制。（4）打造科研教育新名片，院地合作用好黑土资源。成立四平现代农业科学院（吉林梨树黑土地学院），作为新时代黑土地保护利用的重要阵地；搭建院地合作平台，深化与中国农业大学、中国农科院等的密切合作，拓展与中国地质调查局、西北农林大学、南开大学、金华农科院等科研院所的合作空间和领域，形成科研合作矩阵；打造科研实践平台，先后被认定为"农村实用人才实训基地""吉林省高素质农民培育省级实训基地""吉林省乡村振兴培训基地""研学实践教育基地（营地）"等，被确立为"一校六院"统筹联建单位，每年有近 3000 人在这里进行中、短期学习实践。实行案例教学、开展沉浸式教学，感受黑土地保护和粮食安全及生态文明建设的重要性。

（二）"大安模式"

针对吉林省西部的特殊土地环境，大安市积极推动黑土地保护培肥地力、盐碱地治理等工作，重点是坚持以水定地、技术为先，联合中国科学院、吉林农业大学、清华大学等院校和科研单位，探索突破苏打盐碱地改土增粮关键技术，依托吉林省西部土地开发整理重大项目和重大工程，先后引进 12 家企业参与盐碱地综合治理，新增耕地 12.73 万亩，年增产粮食 1.55 亿斤，逐渐形成了良田改土、良种适地、良法增产、良营保障的苏打盐碱地综合利用的"大安模式"。

"大安模式"包括如下内容：（1）坚持以水定地。苏打盐碱地治理，水是关键，降碱排盐养地都大量用水。大安市坚持"水利先行"，从 2009 年开始累计投资 18.91 亿元，依托引嫩入白、哈达山水利枢纽等工程，实施了吉林省西部项目大安灌区水利骨干工程、河湖连通工程，将嫩江水、松花江水和洮儿河水引入大安境内，每年由嫩江取水 2.45 亿立方米，保障现有水田灌溉；正在建设的"松原灌区龙海灌片"可保障 37.2 万亩盐碱地治理用水；规划建设的"大安灌区二期""幸福灌片""新安灌片"等水利工程，预计可保障 16.3 万亩盐碱地治理用水。届时大安市将有 90% 以上的农田实现地表水灌溉，彻底变"水瓶颈"为"水支撑"，为盐碱地开发利用提供充足保障。（2）坚持适地改土。中国盐碱地主要分为东北地区的苏打盐碱地、东部滨海的氯化物盐碱地，西北地区的硫酸盐—氯化物盐碱地 3 种类型，大安盐碱地是最难治理的典型苏打盐碱地。经过 20 多年全景式试验，针对苏打盐碱地特性推广使用的 5 种主要技术路线都是世界公认的成熟治理技术。用酸性改良剂置换土壤中的钠离子，用水冲走盐分，降低土壤盐碱度，增施有机肥和微生物，改善苏打盐碱地理化性能指标，适合作物生长。改良剂原料多数来自发电厂、化肥厂等废弃物或工业试剂，成本多可控制在每亩 2000 元以内，最低 500 元。一般情况下，治理当年 pH 值 9.5

以上均可降至 8.5 以下，水稻亩均可增产 900 斤以上，高的可达 1200 斤左右，三年耕地质量等别可达国家 10 等地水平。（3）坚持良种适地。在改良后的苏打盐碱地上选种适宜的优良品种，才能实现高产稳产。大安根据当地土壤和气候等种植环境特点，对比水稻耐盐碱性、生长周期、抗倒伏性、产量等指标，筛选出适合苏打盐碱地改良后种植的水稻品种 20 多个，按照治理后年份选种不同品种，三年后可增产 20% 以上；培育出适合苏打盐碱地种植的"东稻""白粳""海水稻"三大水稻系列品种，从种源上保障了盐碱土壤改良后种植水稻稳产高产，比传统品种增产 10% ～ 30%。（4）坚持精耕细作。盐碱地治理改造在良田改土、良种适地的基础上，还需要良法配套，农艺、农技、农机等集成创新。大安经过多年试验，针对盐碱地改良初期易返碱、产量低、有机质少等特点，选用密植壮苗、精准施肥等引领性农业技术，可减少化肥用量 10% ～ 15%，水稻穗数、穗粒数、粒重均较常规方法提高 30% 以上，较常规稀植增产 25%，保证改良后的盐碱地增产稳产。未来将进一步探索 5G 全过程自动化技术应用，将盐碱地治理与智慧农业建设统筹实施，打造现代农业样板。（5）坚持协同共治。盐碱地综合利用，市场化是方向，运行机制是保障。盐碱地治理是一项系统工程，投资规模大，涉及主体多，仅靠政府、企业、科研机构单打独斗难以完成，必须运用市场化手段，建立协同共治合作机制，政府搭台，企研金农合唱，以新增耕地指标跨省交易收益为杠杆，撬动社会资本和各方力量广泛参与，形成农、牧、种、养、加、生态旅游等盐碱地综合开发利用新格局，让"盐疙瘩"变为"米粮川""聚宝盆"。

"大安模式"成就显著。（1）农业效益生态效益显著。最新资料显示，大安市通过盐碱地治理，新增水田 12.73 万亩，燕麦、小冰麦的种植面积逐年扩大。羊草、芡实、菱白种植渐渐兴起。湿地养蟹、稻田养蟹、湿地芦苇秸秆种蘑菇等不断拓宽农民利用盐碱地致富的道路。有数据显示，"2011 年以来，以大安等地为核心，白城市不仅增加了 13.74 亿斤粮食产能，还统一打造了'白城弱碱大米''白城燕麦''白城绿豆'等区域公用品牌，发展了肉牛、奶牛等草食畜牧业，为市场提供了安全的肉、蛋、奶。"（2）促进地方发展改革进程。"在科技、水资源、资金、体制机制等方面持续发力，'以种适地'和'以地适种'相结合，让盐碱地从'不能种粮'到'不止种粮'。"从农民自发的"客土改良"，到 1986 年当地政府引导全市农民"以稻治碱"，再到全省以大安等地为核心区域进行盐碱地改良的探索，盐碱地综合利用是一个长期坚持的历史过程，土地三权分置等政策推动零散的土地"集中连片"，"河湖连通"等水利工程强化了水资源保障，为盐碱地综合利用做足了准备，在全国率先出台一系列相关政策文件，让盐碱地综合利用"有遵循"；摸清盐碱地"家底"，制定建设方案，强化规划引领，让盐碱地综合利用"有方向"，在大安市建立 5000亩盐碱地改良示范基地,邀请 11 家技术单位进行改良技术"比武打擂"，让盐碱地综合利用"有抓手"；完善项目管理办法，制定技术标准，让盐碱地综合利用"有规范"；多部门联动，统筹推进试点建设，保障盐碱地综合利用"有样板"。（3）汇聚资源利于创新发展。中国科学院、吉林省农业科学院、白城市农业科学院等"国家队""省队""地方队"带着各自几十年的技术积累向大安市汇集。华清农业开发有限公司、中科佰澳格霖农业发展有限公司、河北硅谷肥业有限公司等企业，在大安市建基地、盖厂房，扎根落户。天南海北的科研单位、企业，在政府的引导下，拧成"一股绳"，共下"一盘棋"。"加大'以种适地''以地适种'科技攻关力度，创制耐苏打盐碱新种质资源 200余份，筛选耐盐碱农作物品种 87 个。""水利骨干工程总投资 54.67亿元，共包括三个片区、三项工程……""创建玉米滴灌水肥一体化栽培技术，研发盐碱地水田灌排洗盐技术等。""启动实施'盐碱地高效治理与综合利用科技创新重大专项'。""经过长年探索，我们已经形成了'以水定地、集中连片、生态改良、良种培育、现代化生产经营'五位一体的'大安模式'。目前，实施土地整治项目 24 个，新增粮食产能 1.55 亿斤。""大安模式"不仅将难以利用的苏打盐碱地变为良田，也为全国乃至国际盐碱地综合利用提供了生态化治理样本。（4）生态良好增强群众创业信心。"鸟成群，蟹结队，盐碱地里风光醉。土变黑，地变肥，老农洗脚上楼睡。"这是大安市盐碱地上的新民谣。"盐碱地里种上了水稻，变成了人工湿地小环境，雨水也多了，空气也湿润了……"大安市民乐村被评为中国美丽休闲乡村。"现在生态环境好了，村民在芦苇荡、水田里养殖螃蟹，越来越多的年轻人愿意回来创业。"经过近 20 年的盐碱地生态治理，牛心套保国家湿地公园被评为"国家 AAA 级旅游景区"。"新平安镇启动全域土地综合整治项目，不仅把盐碱地变成了水稻田，还建设了花园式安置小区和现代化牧业小区，近 500 户农户全部上楼。"在唤醒"沉睡"的盐碱地后，整个大安市都换了模样。无人收割机等智慧化、数字化的农机在盐碱地上挖掘着粮食增产的潜力；盐碱地专用有机肥生产线、现代化稻米加工厂正拔地而起；绿色、有机弱碱性大米种植又爆出"蟹田稻""鱼稻共生"等新亮点；带有盐碱地风情和故事的民宿、农家乐为乡村特色游的客人们提供了留下来的兴致。以盐碱地治理为起点，以农业农村现代化综合推进为抓手，依托"大安模式"改造治理的盐碱地上正在呈现出共同富裕、加速振兴的新面貌。

（三）桦甸模式

桦甸模式即桦甸市在水库生态修复与综合治理工作中，创建的"淤泥还田"模式——将水库淤泥干化，用于水毁土地回填平整、低洼劣质耕地改良和中低产田改造。这一模式既提高了资源利用率，又实现了除隐患、保生态、肥耕地、惠民生的多重效益。这一模式入选为中国改革网"中国改革 2022 年度地方全面深化改革典型案例"，是全国唯一水生态与黑土地保护有机融合的案例。

"桦甸模式"的核心是解决淤泥稳定化处理和资源化利用问题。桦甸市坚持"防止二次污染，稳妥有序推进"，将"淤泥还田"分为"测、试、推"三个步骤进行。"测"即开展淤泥有害物检测，经桦甸市生态环境部门检测，库区堆积的淤泥全部符合农用土壤污染风险管控标准，且含有有机质和氮、磷等农作物需要的养分，可以改善土壤的理化性质，有效提升耕地肥力；"试"即进行"淤泥还田"试验，各乡镇动员部分农户先行先试，即把干化后的淤泥撒在各家田地里，农业农村部门定期跟踪，观察试验地块农作物的生长状态，检测结果显示，撒过淤泥的试验田生长的稻谷与普通农田生长的稻谷在金属含量上无明显差异，证明了"淤泥还田"的可行性；"推"即因地制宜合理推广，桦甸市印发《关于推广"淤泥还田"模式的通知》，推动各地将经过检测的淤泥优先用于水毁土地回填平整、低洼劣质耕地改良和中低产田改造，同时农技人员"现身说法"，鼓励水库周边村民"就地取材"，有效减少政府运费支出，2022年该市用淤泥还田的地块有560多公顷。

"桦甸模式"使水库淤泥成为优质的"二次资源"，其在生态保护、产业发展、农民增收方面意义重大，显著提升了水土环境质量。这一模式可以全量处置堆积淤泥，扩大水库有效扩容，增加蓄水量，改善水环境质量；同时用淤泥覆盖地块，解决了土壤贫瘠退化问题，有效保护了黑土地资源；水土环境的改善还加速了特色产业发展步伐，为合理发展水产养殖提供了条件，增加了渔业养殖户的收入，激发了群众开发生态农庄、休闲垂钓、"农家乐"等项目的积极性，促进了乡村旅游业发展；这一模式还促进了农民增收，耕地里覆盖干化淤泥后，能使粮食作物在生长末期依旧保持旺盛的生长状态，大幅提高产量，经有关农户证实，淤泥田亩产玉米880公斤，仅施化肥8公斤，而未撒淤泥的对照田每亩仅产760公斤，施化肥40公斤，达到了增产减施的效果。

（四）拜泉模式

粮食生产根本在耕地，命脉在水利。黑土地一派喜人的丰收景象，也是水利建设创新发展的大图景。近年来，黑龙江省水利厅持续推动侵蚀沟治理、大中型灌区建设以及水利配套改造工程建设，为连续取得粮食丰产丰收保驾护航。在齐齐哈尔市拜泉县，一处耕地周边的侵蚀沟被一张铁丝网和石笼谷坊牢牢固定，使侵蚀扩张的趋势得到有效遏制，耕地里作物长势喜人。拜泉县地处小兴安岭余脉与松嫩平原过渡地带，地势起伏，属于东北黑土漫岗区。特殊的地理位置以及常年的风雨侵蚀，让这片土地形成了一条条侵蚀沟。多年来，拜泉县侵蚀沟治理遵循分区施策、分类治理原则，结合山水林田村系统，实施农田侵蚀退化治理、侵蚀沟道综合治理、水生态保护与修复、林草生态修复提升、老旧梯田提质增效、乡村振兴基础保障治理"六大工程"。

以拜泉县新生乡永发村为例，离永发村不远的土地上，有一条明显的沟壑向村子延伸，据水务部门统计，全村侵蚀沟总长 2180 米，由 9 条沟组成，从南面到东面将村子环绕，沟道总面积为 0.08 平方千米。走近可以看到，由一张铁丝网和无数石头制作而成的石笼谷坊将侵蚀沟撕裂的土地牢牢固定。"村子耕地坡度比较大，土质松散，在风力和雨力的侵蚀下，逐渐形成侵蚀沟，在治理之前不断加剧侵蚀着耕地"，当地村干部介绍。侵蚀沟的出现，让这座小村庄不再平静。不断扩大的侵蚀沟限制了村里的农业生产，甚至严重威胁到村民们的居住和出行安全。2021 年，中央下达水利发展资金实施黑土区侵蚀沟治理项目，涉及拜泉县新生乡、兴国乡和三道镇的 12 个村，总投资达到 1835 万元，治理侵蚀沟 46 条、水土流失面积 40 平方千米。永发村侵蚀沟治理采用的是工程措施、植物措施和生态修复措施相结合的方式，在侵蚀沟沟头搭建石笼防护，沿着侵蚀沟沟底建立连续柳编水通道，并在侵蚀沟沟道削坡栽种了樟子松、柳树、野樱莓等树种。"随着近年来工程效益的发挥，治理效果逐渐显现，侵蚀沟变成了一个工程治理沟，也成了一个生态修复沟、绿色经济沟。""治理前，全村粮食亩产为600公斤左右，现在亩产达到800公斤左右，极大地改善了村民们的生产和生活环境。"

拜泉县通双小流域位于新生乡东部兴安村以及新生林场境内，辖区面积为21.8平方千米，这里地势东高西低，丘陵起伏，外加新胜林场曾经人为砍伐树木，多种因素导致流域内水土流失严重。据统计，水土流失面积达到16.8平方千米。拜泉县按照工程养植物、植物保工程的治理思路，配置了植物、工程、农业相结合的技术措施，形成综合治理的立体梯级结构防护体系，彻底改变了通双小流域生态环境持续恶化的被动局面。在治理过程中，拜泉县营造水土保持林6.58平方千米，森林覆盖率达到30%，根据地势修筑梯田7.13平方千米。各项水土流失治理措施相得益彰，达到了山水林田路渠沟综合治理的效果。截至目前，通双小流域内累计治理侵蚀沟220条，治理面积达到15.3平方千米，占水土流失面积的91.1%。

拜泉县侵蚀沟治理遵循分区施策、分类治理原则，结合"山水林田村"系统，启动农田侵蚀退化治理、侵蚀沟道综合治理、水生态保护与修复、林草生态修复提升、老旧梯田提质增效、乡村振兴基础保障治理"六大工程"。在2021年黑龙江拜泉县政府印发的《拜泉县全国水土保持高质量发展先行区建设实施方案》中，对林草生态修复提升工程提出了明确要求："到2025年，农田防护林网更加稳定，道路、河流和村屯植被景观明显提升，林业生态旅游和林下种养等衍生产业完成阶段性探索，县域林草植被覆盖率达到18%。"针对新生林场在内的林场，方案中也有相关要求："对现有林地加强抚育管护、病害防控，通过林草补植、树种更新，改善生态景观。"拜泉县累计治理水土流失面积1803.17平方千米，治理侵蚀沟1.99万条，坡耕地治理面积1484.8平方千米，禁垦坡度以上的陡耕地采取水保措施率达到 100%。

（五）铁岭模式

东、西辽河相汇，坐拥 740 万亩耕地，全域耕地属典型黑土，铁岭市被称为"辽北粮仓"。铁岭市深入落实"藏粮于地、藏粮于技"战略，在开原市、昌图县、西丰县整域开展黑土地保护性耕作，示范带动，以点扩面，与中国科学院沈阳应用生态研究所等科研单位联合研发，探索出以作物秸秆覆盖为核心的保护性耕作技术、以有机肥还田为核心的种养一体技术、以大数据平台为依托的智慧农业等技术体系，保护黑土地的优良生产能力，实现黑土地总量不减少、功能不退化、质量有提升、产能可持续的"铁岭模式"。

铁岭市采用的保护性耕作模式，就是秸秆覆盖、免耕播种。通过秸秆覆盖是为了让生物质还田，培肥土壤；宽窄行交替种植，相当于条带交叉休耕；而免耕播种，就是在播种时通过一次性机械作业解决传统耕作造成的土壤扰动和退化问题。具体包括秸秆覆盖均匀行技术模式、秸秆覆盖宽窄行技术模式、秸秆覆盖二比空技术模式、秸秆覆盖条带浅旋技术模式，结合配套农机，进行玉米秸秆覆盖还田的保护性耕作。不起垄、不整地，免耕播种，秸秆覆盖还田，减工序不减产量，还使土壤有机质增加，黑土层越来越厚，种粮需投入的化肥相应减少，实现了降本增效。

铁岭市还注重有机肥还田。昌图县依据养殖规模、畜禽种类、粪污形态的不同，开展了多种畜禽粪污资源化利用模式。相较于传统露天静置堆肥，大幅减轻了传统堆肥中产生的臭气污染，以及露天堆沤造成的养分损失严重等问题。从大农业生态系统的角度考虑，秸秆、饲草生长于土地，牲畜吃了秸秆、饲草，产生的粪污也是来自土地，把取自土地的能量、物质，再返还给土地，这就是一个秸秆"过腹还田"的绿色种养循环。

铁岭市的保护性耕作和有机肥还田，离不开配套的农机、适宜机收的良种。2022 年，昌图县在三江口镇宝龙村落实千亩玉米制种田，建立中国科学院、辽宁省农业科学院基地工作站，加大玉米繁育基地科技支撑。2022 年全县推广玉米优良品种 6 个，特别是推广"二比空""宽窄行"耐密种植面积 22 万亩，实现亩均增产 100 斤的目标。在铁岭县蔡牛镇张庄玉米新品种推广专业合作社的万亩大田里，检测温度、湿度的气象设备，检测病虫害的智能虫情信息采集设备，分析土壤中三大营养元素、pH 值的传感设备等各种农情、土壤监测设备琳琅满目、应有尽有。昌图县利用大数据智慧农业开展土壤墒情、大田环境、气象环境及病虫草害监测，实现农业可视化远程诊断、远程控制、灾变预警等智能管理，构建天、地、空一体化的数字农业体系。昌图县已在老城镇、毛家店镇建成两个智慧农业平台，监测面积 2 万亩，在老城镇设置核心示范区 1000 亩，在亮中桥镇设置核心试验区 200 亩，同时在其他镇设置 50 个 200 亩辐射示范区，形成了网格状示范推广监测体系。截至 2023 年，铁岭市连续 5 年实施黑土地保护性耕作整县推进，2021—2024 年实施黑土地保护利用项目依次为 70 万亩次、145 万亩次、213 万亩次。

（六）龙江模式

黑龙江省地处东北黑土核心区，黑土地面积超过东北黑土区面积的一半。同时，黑龙江省自然条件多样，辽阔的地域造就了 6 个积温带，复杂多变的地形、积温和降水条件造就了土壤多样性质。在这种情况下，黑龙江省积极探索，从综合性、组合拳角度出发，打造了省域级别黑土地保护的"龙江模式"。

一是开展耕地轮作试点进行黑土地保护，解决由于连作造成的土壤养分偏耗，实现耕地资源永续利用和农业可持续发展。如绥化市绥棱县克东向荣现代农机专业合作社实施玉米大豆轮作，减少了病虫害，让黑土地自然提高土壤肥力。

二是加强水土流失治理，借助"东北黑土区侵蚀沟生态修复关键技术研发与集成示范"项目，通过增设渗井实现水流垂直入渗，布设暗管建立地下导排水系统等方式，削减地表汇流冲刷力、阻止再次成沟和水土流失。

三是因地制宜探索黑土地保护，探索形成以秸秆翻埋还田和覆盖免耕等模式为主的黑土地保护模式，基本适应全省所有耕地。（1）秸秆翻埋还田黑土层培育模式是将秸秆粉碎后，通过深翻还田，打破犁底层，补充土壤有机质，加深肥沃耕作层、没有风蚀影响的低洼平地。（2）以秸秆碎混还田和增施有机肥为核心的培育模式，采用秸秆和有机肥混合翻混、松耙碎混为核心技术，通过玉米大豆轮作，配套免耕覆盖等技术，达到了肥沃耕层构建的效果。6年示范结果显示，大豆、玉米均增产10%以上，肥沃耕层达到了30cm以上。（3）四免一松—保护性耕作模式，针对松嫩平原西部风沙、干旱、盐碱等问题，采用秸秆覆盖免耕配合深松的保护性耕作技术，是将秸秆粉碎后，通过4年免耕、1年深松，实现秸秆还田。齐齐哈尔市龙江县通过实施该模式，仅两年时间，试验田的土壤有机质含量就提高了5%，速效氮、速效磷和速效钾均提高了10.5%以上，玉米增产10.8%。（4）坡耕控蚀增肥模式是在坡耕地上，通过等高横向种植、修筑等高地埂、种植生物篱等措施防治水土流失，通过秸秆和有机肥还田培肥土壤，这种模式适合环小兴安岭地区。3年试验结果显示，作物增产约13.8%，蓄水能力提高30.1%，保水能力提高20.9%，速效养分增加15%，径流量减少95.4%。

第三节　黑土地融合新理念

习近平总书记在主持召开新时代推动东北全面振兴座谈会上指出，"要以发展现代化大农业为主攻方向，加快推进农业农村现代化""当好国家粮食稳产保供'压舱石'""要始终把保障国家粮食安全摆在首位，加快实现农业农村现代化，提高粮食综合生产能力，确保平时产得出、供得足，极端情况下顶得上、靠得住""加大投入，加快把基本农田建成高标准农田，同步扩大黑土地保护实施范围"。这就要求"黑土粮仓"建设必须按照新时代要求融入新的发展理念。当前"黑土粮仓"建设要着力把握大农业观、大食物观、大生态观、大科技观、大市场观五个方面的新理念。

一、黑土地上的大农业观

（一）大农业观的内涵和意义

大农业观是一种以农业为基础、以农业为根本、以农业为导向、以农业为手段、以农业为目标、以农业为内容的全方位、全过程、全领域、全要素的农业发展观。在我国新时代背景下，农业现代化和乡村振兴成为国家战略的重要组成部分。在这个进程中，习近平总书记提出了大农业观和大食物观，旨在引导我国农业发展从传统的种植业转向现代化大农业，从保障粮食安全转向满足城乡居民美好生活的多样化食物需求。首先，大农业观的内涵丰富多样。它不仅包括种植业的"小农业"，还包括林牧渔业、全产业链供应链各环节以及发挥农业多功能的新产业新业态。这种广义的农业概念，有助于我们更全面地认识农业的价值和作用，从而更好地推进农业现代化。其次，大农业观的意义重大。它不仅有助于解决我国农业发展中的各种问题，如耕地和基本农田的"非粮化"和"非农化"，以及农业产业化过程中的矛盾和冲突，而且有助于推动农业产业结构的优化升级，实现农业可持续发展。同时，大农业观还有助于构建多元化食物供给体系，满足城乡居民对美好生活的多样化食物需求。

与传统的农业发展理念相比，大农业观的鲜明特征包括：①大农业观主张在有条件的地区发展规模化、社会化、现代化的大农业。在坚持土地集体所有的前提下，顺应小农户分化和技术变革趋势，通过村组内互换并地、土地承包权退出等方式，实现农村按户连片耕种，建设旱涝保收的高标准农田，培育新型农业经营主体与服务主体，从而"充分发挥多种形式适度规模经营在农业机械和科技成果应用、绿色发展、市场开拓等方面的引领功能"，加快发展现代农业。②大农业观要求农业现代化和农村现代化一体设计、一并推进，要求处理好农业现代化与农村现代化的相对关系，积极发展农产品加工业，推动种养业向前后端延伸、上下游拓展，促进农村一二三产业融合发展，通过就业带动、保底分红、股份合作等方式，将农业产业链整合和价值链提升带来的增值收益留给农户、留在农村，实现农业产业结构调整和农民增收致富有效衔接，夯实乡村全面振兴的产业基础。③大农业观强调农业经济系统、农业技术系统与农业生态系统之间的耦合发展。生态文明建设是关乎中华民族永续发展的根本大计，要积极发展生态农业、循环农业、智慧农业等农业新业态，更加强调农业生产的低耗、低排、低污导向，巩固提升农业生态系统碳汇能力，其要旨就是立足中国人多地少的资源禀赋，以自然环境承载能力为基础，走产出高效、产品安全、资源节约、环境友好的农业可持续发展之路，实现农业生产、农村建设、乡村生活生态良性循环。

（二）大农业观的实践和应用

东北地区的黑土地是我国重要的自然遗产之一，其丰富的肥力和优良的理化特性，使其成为我国粮食生产的重要基地。然而，由于耕地后备资源有限、农田基础设施不足等问题，以及过去对黑土地的过度开发利用，导致黑土区农田土壤持续恶化，东北地区的农田生态系统也呈现出碳源趋势。因此，实践和应用大农业观，对于保护黑土地资源与我国粮食生产安全和农业可持续发展具有重要意义。大农业观在东北地区黑土地上的实践和应用主要包括：①尊重和保护黑土地资源，合理利用黑土地资源。在东北地区，应该坚持生态优先，用养结合，重点突破与整体推进并举，稳产丰产与节本增效兼顾。这需要加强农田工程建设，改善基础设施条件，发挥大农机作用，建立科学耕作制度，推广秸秆还田，推行绿色种养循环，防治农业面源污染，以及科学合理利用耕地资源，高质量完成"两区"划定。②推动农业绿色发展，以黑土地保护利用为契机，突出加强耕地等重要农业资源保护，进一步扩大轮作面积，降低农业资源利用强度，大力发展有机农业，打造具有高附加值的农产品。这需要我们推广应用先进的农业技术，提高农业科技进步贡献率，提高农业生产效率和质量。③创新农业发展模式，以实现农业的可持续发展。在东北地区，可以借鉴和推广金正大等企业的农企合作模式，通过龙头企业提供最新的技术和产品，农业部门提供贴身的技术指导，合作社提供综合性服务，以及产业链后端的收储销售，实现黑土地保护的低成本、高效率和可持续的运作。④统筹农业生产进步。通过推广现代农业技术，提高粮食作物的单产，保障国家粮食安全；发展特色农业，开发具有地域特色的农产品，提高农业附加值；防止耕地"非粮化"和"非农化"，确保农业发展的基石；以大农业观为指导，推动农业现代化，实现农业可持续发展；构建多元化食物供给体系，满足城乡居民对美好生活的多样化食物需求。

（三）大农业观在黑土地上的未来路径

大农业观在黑土地上的未来路径主要包括：①规模化经营。通过提高农业生产规模，推动农业产业化，提高农业生产效率和竞争力。这可以通过土地流转、农民专业合作社等方式实现，使农业生产更加集约化、规模化。②科技创新。引进现代农业技术，推广高效农业生产方式和管理模式，提升农业生产的科技含量和水平。包括农业生物技术、信息技术、智能装备等方面的应用，可以提高农业生产效率和质量。③生态保护。保护农业生态环境，促进农业可持续发展。这包括推广绿色生产方式、加强农业废弃物资源化利用、防治农业面源污染等措施，可以改善农业生产环境，提高农产品品质。④市场拓展。拓展农业产业链，提高农产品的附加值和市场竞争力。这可以通过发展农产品加工业、休闲农业、乡村旅游等方式实现，增加农民收入，促进农村经济发展。⑤深化农业供给侧结构性改革。以多元化的食物供给体系更好地满足居民食物消费升级需求，推动国民膳食结构向"吃得多样、吃得科学、吃得健康、吃得绿色"转变。⑥加快农业智能化、数字化发展。利用大数据、云计算、物联网等现代信息技术，推动农业智能化、数字化发展，提高农业生产效率和管理水平。⑦加强农业科技人才培养。加强农业科技人才培养和引进，为农业现代化提供人才支撑和智力保障。

二、黑土地上的大食物观

（一）大食物观的内涵和意义

大食物观是一种新的食物观念，强调食物生产不仅仅是满足人们的基本需求，更是要实现人与自然的和谐共生，实现可持续发展。近年来，我国农业发展进入了新阶段，传统的粮食生产观念已经无法满足社会对于食物多样化、品质化和营养化的需求。因此，提出了大食物观的观念，以适应新形势下的农业生产需求。大食物观的内涵主要体现在：①从"粮食"拓展到"食物"。传统的粮食安全观是以"粮食"为纲，而大食物观则将研究对象从狭义的粮食扩展到包括肉类、禽蛋、奶制品、水产品等各种可以提供生命活动所需营养的食品，强调了食物消费的多元化、品质化和营养化。这种转变不仅突破了传统观念的束缚，也为满足人民群众日益增长的美好生活需要提供了可能。②生产资源从耕地拓展到全方位、多途径的食物资源。传统的农业生产观念认为食物主要来源于耕地，而大食物观则提倡面向广袤的国土资源全方位多途径寻求丰富多样的食物资源，充分利用各地资源禀赋，推动建设多元化食物供给体系。这种转变不仅有助于提高食物生产的效率和可持续性，也有利于推动农业现代化和乡村振兴。③从"供给导向"到"需求导向"，打通食物全产业链，关注"科研—投入—生产—流通—消费"全产业链的食物安全。传统的农业生产观念往往注重粮食生产的供给端，而大食物观则强调要关注食物生产的全产业链，包括农业科研、投入、生产、流通和消费等各个环节，以实现食物安全的目标。这种转变有助于提高农业产业链的韧性和掌控能力，保障国家食物安全。④正视国际市场与国际资源在提高我国食物安全保障水平中的作用。在全球化的背景下，国际市场和国际资源对于我国食物安全具有重要意义。大食物观强调要合理利用两个市场两种资源，需要在明确国内食物需求变化趋势、农业资源禀赋、政策供给、国际规则与外部环境制约的条件下，系统考虑食物需求与供给、国内生产与进口、国内市场与国际市场的交互影响，实现消费、生产、进出口三元平衡。

与传统粮食安全观相比，大食物观具有如下特征：一是目标更加高远。中华人民共和国成立以来，我国粮食发展政策导向经历了数量安全、经济安全，进一步扩展延伸到确保市场安全和质量安全。在初始阶段，以数量为主要追求、以谷物为重点内容，核心任务是解决人们"吃饱饭"的需求。在"吃饱饭"问题解决后，粮食安全在保障数量的基础上开始重视食物在数量、质量、营养上的共同安全，以大食物观为指引，不仅让人们吃得饱，还要吃得好，吃得安全健康、营养均衡，以满足人们对美好生活的追求。二是结构更加丰富。过去用以解决"吃饱饭"问题的食物，主要以粮食为主，辅以部分其他农产品。随着居民收入的提高、生活水平的提升，对食物需求逐步从单一的粮食转向多元化农产品，增加了肉蛋奶、瓜果菜的需求，饮食结构更加丰富多样。因此，大食物观下的消费结构变化，不仅要求保障粮食安全，还要注重其他农作物的生产与食物来源。三是来源更加多元。过去以粮食为主的食物结构，其主要来源是耕地。粮食是大田作物，不同于设施农业，对耕地依赖程度高。新的食物安全中食物来源呈现多元化，既有耕地资源，也有山水林田等资源，食物来源更加广泛，品种更齐全，质量更高，可以满足居民多样化的食物需求。四是供给更可持续。传统农业生产属于资源密集型产业，主要通过增加农药、化肥、农膜等农资投入来加大对资源和环境的开发利用，这在稳定粮食生产的同时也带来了一系列环境问题，生产方式可持续性低。大食物观要求更多运用科技和先进装备，提高农业生产技术的应用，转变农业生产方式，降低资源禀赋对农业生产的约束，实现农业绿色可持续发展。

（二）大食物观的实践和应用

在大食物观的指导下，东北地区黑土地的粮食生产实践及应用得到了广泛的推广和应用。首先，通过科学合理的耕作制度和种植技术的应用，提高了农作物的产量和质量。例如，黑龙江省在提升黑土耕地质量方面，推广了秸秆还田、绿色种养循环等环保措施，有效提高了耕地的基础地力和土壤质量。同时，还通过深松整地、深翻整地等农田工程，改善了农田的基础设施条件，为粮食生产提供了有力的支持。其次，东北地区还积极探索和实践了农业社会化服务的新机制。

通过鼓励搭建区域性农业社会化服务综合平台，积极推行技术承包、全程托管等服务，有效提高了农民的生产技能和经营管理水平，推动了农业的现代化发展。同时，通过充分利用多渠道培训资源，加大专业大户、家庭农场及相关经营主体培训力度，全面提高了农业科技进步贡献率。此外，东北地区还充分利用黑土地保护利用的机会，推进了农业的绿色发展。例如，黑龙江省在防止耕地"非粮化"方面，细化了"两区"划定任务落实到地市，明确了耕地利用的优先序，永久基本农田和粮食生产功能区、重要农产品生产保护区重点用于发展粮食生产。同时，还通过科学开展植树造林和森林抚育、畜禽粪污无公害化处理等措施，推动了粮食安全与固碳增汇的协同发展。

（三）大食物观在黑土地上的未来路径

大食物观在黑土地上具有光明的未来。一是要推广"梨树模式"，加强高标准农田建设，利用好保护好黑土地，保障粮食安全增产。通过新技术的不断"下乡进田"，完善体制机制保障，将粮食安全工作与人居环境整治有机结合，及时高质完成立体储粮工作，既保障了粮食安全，同时从根源上解决了粪污乱倾乱倒影响环境整治的难题。二是推动托管模式细化完善。孟家村国有农机专业合作社作为蔡家镇第一批土地股份合作社，在村民以土地入股加入合作社后，农业生产集中连片机械化耕作，将20余户农民的双手从土地中解放出来，降低了村民的生产活动成本，提高了经济收益。合作社负责人田国友在破解缺乏农业生产经验的年轻人"种不好地"和生理机能情况不足以承担农业劳动的老人病人"种不了地"两个难题上狠下功夫，按需定策开展农业生产托管，针对"种不好地"的情况推出"半托"模式，针对"种不了地"的情况推出"全托"模式，从播种供肥到除草防治病虫，在农业生产的各个环节提供"保姆式"服务。推动产业链条向后延伸，下坎子村党支部以尚富农民专业合作社为主体，将其所承包的172亩地用于探索"西瓜—白菜"轮耕的特色耕种模式。三是营造绿色农业良好氛围。由政府牵头，进行秸秆综合利用，或者用于养殖，或者进行开发利用。保护环境，禁止焚烧。奖励保护黑土地资源工作突出的单位和个人，以期实现黑土地资源的可持续利用，保障我国粮食安全。

三、黑土地上的大生态观

（一）大生态观的内涵和意义

大生态观是指在生态学原理的指导卜，对生态坏境进行整体、协调、可持续的整合。在东北地区黑土地的保护和利用中，大生态观得到了充分的体现。首先，大生态观的内涵包括对生态环境的全面保护和可持续利用。这一观念强调农业发展与环境保护的统一，倡导在农业生产中尊重自然、顺应自然、保护自然，实现人与自然的和谐共生。大生态观要求我们摒弃过度开发、掠夺式经营的传统农业生产方式，转而采取科学合理、循环利用的生产方式，在提高农业生产效率的同时，降低对环境的破坏。其次，大生态观的意义在于对我国农业可持续发展的指导作用。我国农业资源丰富，但也面临着资源约束、环境污染等问题。大生态观的提出，提供了新的农业发展思路，有助于实现农业生产的绿色化、现代化，从而提高农业的综合效益。大生态观强调的生态环境保护和可持续利用，有助于推动农业与环境保护的协同发展，实现农业的可持续发展。再次，大生态观对于推动我国农业现代化具有重要作用。农业现代化是实现农业发展方式转变、提高农业综合效益的重要途径。大生态观强调的生态环境保护和可持续利用，有助于推动农业的绿色化、循环化、低碳化，提高农业的现代化水平。最后，大生态观对于构建和谐社会具有积极意义。农业是国民经济的基础，农业的发展关系到国家经济安全、社会稳定和人民生活。大生态观的提出，有助于推动农业的绿色化、现代化，提高农业的综合效益，为构建和谐社会提供有力支撑。大生态观是对我国农业发展的新要求，它要求我们在农业生产中尊重自然、保护环境，实现农业的可持续发展。大生态观的提出，对于推动我国农业现代化、构建和谐社会具有重要的指导作用。

与传统的生态发展观念相比，大生态观更强调如下内容：一是大生态观是在"人类可持续发展"这一背景下，探索人与自然关系的新科学思维方式，集深生态学和浅生态学之优长，摒弃了两者的消极元素，着力于人类社会与大自然和谐并存的理论与实践，强调人类自身的和谐是人与自然和谐的前提，传统生态观念通常建立在人类对自然的朴素认识和敬畏之上，强调人与自然的和谐共生。二是大生态观关注经济活动和社会行为对生态环境的影响，提倡通过科学规划和战略行为来解决环境生态问题，而传统生态观念强调关注自然生态系统的保护和维持，避免对自然环境的过度开发和破坏。三是大生态观主张将环境科学置于社会科学范畴，作为一个独立和完整的学科进行研究，依靠"大生态战略"从发展的初始、根本环节上，在最大范围内解决环境生态问题。传统生态观念多依赖于道德约束和个体自觉，强调通过个体行为来保护环境。四是大生态观反映了人类对可持续发展和生态文明建设的深刻认识，且随着时代的发展将不断得到完善和应用，而传统生态观念主要体现了人类对自然环境的尊重和保护意识。

（二）大生态观的实践和应用

大生态观在东北地区黑土地上的实践和应用是保护利用好黑土地资源的重要一环。首先，通过科学规划和合理利用，实现了农业和生态的双赢。例如，在黑龙江省，通过科学规划和合理利用，实现了农业和生态的双赢。一方面，通过加强农田工程建设，改善基础设施条件，大力建设高标准农田，为农业生产提供了坚实的基础。另一方面，通过发挥大农机作用，建立科学耕作制度，推行绿色种养循环，防治农业面源污染，全省粮食作物面积超额完成国家下达的目标任务。其次，通过实施黑土地保护工程，有效地控制了黑土地的退化速度。例如，在黑龙江省，通过实施黑土地保护工程，有效地控制了黑土地的退化速度。一方面，因地制宜确立秸秆还田模式，大力推广秸秆还田，提升耕地基础地力，秸秆还田率超过了三分之二。另一方面，推行循环农业发展模式，提高畜禽粪污资源化利用率，统筹用田养田护田一体发展。再次，大生态观在东北地区黑土地上的实践和应用还体现在科学推进农业绿色发展。例如，在佳木斯市，推行实施以"一翻两免"为核心的秸秆翻埋、碎混、覆盖还田措施，持续高位推进秸秆综合利用工作。2020年全市产生秸秆575.5万吨，实际利用秸秆535.31万吨，还田利用率达到65%，综合利用率达到93%以上。通过科学采取植树造林和森林抚育、畜禽粪污无公害化处理等措施，推动粮食安全与固碳增汇协同发展。大生态观在东北地区黑土地上的实践和应用，为我国黑土地的保护利用提供了新的思路和方向。通过实施大生态观，可以实现农业和生态的双赢，有效控制黑土地的退化速度，实现黑土地资源的可持续利用。

（三）大生态观在黑土地上的未来路径

大生态观关系着黑土地的保护和利用的核心问题，其在东北地区黑土地保护和利用方面的未来路径包括但不限于以下几个方面。首先，要牢固树立"绿水青山就是金山银山"的理念，坚持生态优先，以保护生态环境为前提，合理利用黑土地资源。这就要求我们在开发利用黑土地的过程中，要注重生态效益，防止对环境的破坏，同时，也要充分考虑经济效益，使黑土地的利用效益最大化。其次，要推动农业的绿色化、现代化，提高农业生产效率，降低对环境的压力。这包括推广先进的农业生产技术，如现代农业机械化、精准农业等，提高农业生产效率，减少对土地的损害；同时，也要推广绿色农业生产方式，如有机农业、生态农业等，以减少对环境的污染。再次，要加强黑土地的保护和修复工作。对于已经受到破坏的黑土地，要采取有效的措施进行修复，如改良土壤结构、增加土壤有机质等，以提高土地的肥力和生产力；对于尚未受到破坏的黑土地，也要加强保护，如限制开垦面积、加强土地管理等，以防止其进一步恶化。最后，要加强黑土地的保护和利用的科学研究。科学研究是推动黑土地保护和利用的重要动力，只有深入了解黑土地的生态特性、土壤特性等，才能更好地进行保护和利用。总之，在大生态观的指导下，东北地区黑土地的保护和利用路径创新，有利于从生态、经济、科技等多个角度进行设计，以实现黑土地资源的可持续利用，保障国家粮食安全，维护生态环境的可持续发展。

四、黑土地上的大科技观

（一）大科技观的内涵和意义

黑土地是我国重要的粮食生产区域，其粮食生产的发展离不开科技的推动。大科技观是现代化农业发展的重要理念，它要求我们从全局的角度出发，整合各种资源，推动农业现代化。大科技观的内涵主要包括：首先，大科技观认为科技是农业发展的关键。现代农业的发展离不开科技的推动，科技的进步可以提高农业生产的效率，降低生产成本，提高农产品的质量。黑土地是我国重要的粮食生产区域，其粮食生产的发展离不开科技的推动。例如，通过引进和推广先进的农业技术，如机械化作业、精准农业、生物育种等，可以大大提高农业生产效率，降低生产成本，提高农产品的质量。其次，大科技观要求推进农业科技创新。科技创新是农业现代化的重要动力，只有不断推进农业科技创新，才能适应现代农业的发展需求。黑土地是我国重要的粮食生产区域，其粮食生产的发展也需要不断推进农业科技创新。

例如，通过引进和培育新的农业品种，如高产优质的稻米品种、抗逆性强的玉米品种等，可以大大提高农产品的产量和质量。再次，大科技观强调要加强农业科技的普及和应用。农业科技的普及和应用是农业现代化的重要基础，只有让农民广泛应用农业科技，才能真正实现农业现代化。黑土地是我国重要的粮食生产区域，其粮食生产的发展也需要加强农业科技的普及和应用。例如，通过开展农业科技培训，提高农民的科技素质，使他们能够更好地应用农业科技，提高农业生产效率。最后，大科技观认为农业科技的发展要与环境保护相协调。农业科技的发展不能忽视环境保护，只有实现农业现代化和环境保护的协调发展，才能实现可持续发展。黑土地是我国重要的粮食生产区域，其粮食生产的发展也需要实现农业现代化和环境保护的协调发展。例如，通过推广绿色农业技术，如有机农业、循环农业等，可以大大减少农业对环境的污染，实现农业现代化和环境保护的协调发展。大科技观的意义在于：一是可以提高农业生产效率，二是可以保障国家粮食安全，三是可以推动农业现代化，四是可以促进农村经济的发展。

与传统科技发展观念相比，大科技观的特点包括：一是大科技观更强调科技的全面性和系统性，认为科技是社会发展的重要驱动力，不仅能够促进经济增长，还能够深刻影响社会结构、文化观念和生活方式等多个方面。二是强调科技与社会的紧密联系和互动，认为科技的发展必须与社会需求、环境保护、伦理道德等因素相协调。三是注重科技发展的全面性、协调性和可持续性，强调科技创新与经济社会发展、生态环境保护等方面的有机结合。四是更注重科学技术间的融合发展，而非科学技术单一领域、细分领域的发展。从对农业发展的影响看，大科技观支撑了现代农业发展，包括在农业领域广泛应用物联网、计算机视觉、人工智能等先进技术，推动智慧农业的发展等；推动了生产模式的转换，增强农业生产的规模化和标准化，提高农业生产效率和产品质量。更加注重农业生产的可持续性，通过生物技术、生态工程技术等手段减少化肥和农药的使用量，保护生态环境。同时，推动循环农业和有机农业的发展，实现农业资源的循环利用和农业生态系统的平衡。

（二）大科技观的实践和应用

大科技观在东北地区黑土地上的实践和应用，主要体现在：首先，科研机构在黑土地研究方面的贡献。如中国农业科技东北创新中心，通过选育新品种、研发新技术，为我国粮食生产做出了重要贡献。他们在水稻、玉米、大豆等主要农作物的育种和推广上取得了显著的成果，每年为我国粮食增产贡献了大量的科技力量。其次，农业生产的废弃物无害化处理和资源化利用。在农业生产过程中，大量的废弃物如秸秆、畜禽粪污等如果处理不当，会对环境造成污染。而通过无害化处理后，这些废弃物可以成为肥料，用于农业生产，实现资源的循环利用。这种农业生产方式不仅可以减少环境污染，还可以提高农业生产效率，对保护黑土地资源具有重要意义。再次，农业科技在黑土地治理方面的应用。如坡耕地治理技术，通过修筑梯田、采用等高耕作、横坡作垄等方式，可以有效控制土壤侵蚀，保护黑土地资源。此外，覆膜、秸秆覆盖、地埂植物带等技术措施，也可以有效控制黑土坡耕地水土流失，保护黑土地资源。最后，科技在黑土地保护方面的应用。如通过监测黑土有机质含量，了解黑土地资源的状况，为制定保护黑土地资源的策略提供科学依据。同时，通过科技手段，可以更准确地了解黑土地的状况，为黑土地的保护提供科学依据。总之，大科技观的实践和应用，为我国粮食生产做出了重要贡献，同时也为保护黑土地资源提供了重要的科技支持。然而，科技在黑土地保护中的应用仍有待进一步深化，需要我们在科技研发和应用上做出更多的努力。

（三）大科技观在黑土地上的未来路径

大科技观在黑土地上的未来路径，核心在于构建农业新质生产力高地及扩散转化体系。以吉林省为例，一是鼓励和引导自创区、农高区等平台创建农业新质生产力高地。以省委、省政府名义出台一批"人无我有"的首创型政策，支持自创区、农高区等平台营造国内一流的农业科技、生命科学方面的创新生态，支持粮、牧、特产业加速与AI等数字技术、光电技术等深度融合，依托企业主体建设一批农业领域专精细分行业的产业创新学院或产业创新教室，支持省内现代农业园区、农业科技园区等农业产业化平台强化与自创区、农高区的联动发展，建立农业新质生产力孵化基地。支持各个省直部门从自身职能出发，研究制定支持吉林省创建农业新质生产力高地的首创型政策。二是建设多层次创新工作站体系，创建农业新质生产力高地。以更具灵活性和适应性的"创新工作站＋高新技术企业"作为创建农业新质生产力高地的主要模式，运用更大力度的科研补贴制度和人才激励政策，引导省内农业高新技术企业创建院士工作站、长江学者工作站、科研项目试验工作站、博士科研工作站、人才创业工作站、新型职业农民工作站、非遗传承者工作站等，强化多维度创新的工作站体系建设，为创建农业新质生产力高地进行人才赋能、文化赋能。加强数字技术融入，率先构建多层次创新工作站数字孪生工作场景，全方位加快农业新质生产力形成进程。三是坚持教育科研产业一体发展，创建农业新质生产力高地。新质生产力是新技术、新人才、新知识、新资本的重新组合，是新场景、新模式、新业态、新主体的充分融合。为此建议在顶层设计中必须站在经济社会发展的最前沿，强化教育科研产业一体谋划同步发展。具体而言，要加强省委、省政府领导，尽快研究出台"吉林省新质生产力布局规划"并突出农业新质生产力作用，推动"农业科技成果转化工作"转型为"科技成果向农业融入和转化"，大力推进粮、牧、特等产业融合循环发展和光、机、环等技术交叉创新发展，推动"新农科"尽快形成农业新质生产力的"源头"。四是强化制度型开放融入新力量创建农业新质生产力高地。"稳步扩大规则、规制、管理、标准等制度型开放"是让农业新质生产力能够不断容纳新力量、引进新资源的根本保障。吉林省创建农业新质生产力高地要围绕种业做突破、围绕智慧下功夫，并在这两个领域强化吉浙长津对口合作、省院省校科研合作、"一带一路"市场合作、人才数据要素合作，强化与央字号农业企业以及科研机构合作，聚拢人才、发出声音，完善技术、数据、产业、教育等方面的规则和标准，构建农业领域的规则高地、标准高地，为创建和壮大农业新质生产力高地夯实基础。

五、黑土地上的大市场观

（一）大市场观的内涵和意义

大市场观是一种全新的市场理念，它强调了市场的全面性、综合性、动态性、变化性、公平性、效率性、可持续性和共享性。在现代社会，市场经济体制的有效运行已经成为我国经济体制的基础。而大市场观，作为一种全新的市场理念，对于理解和把握市场经济的发展规律具有重要的意义。首先，大市场观强调了市场的全面性和综合性。它认为，市场不仅仅是一个交易的平台，更是一个资源配置的机制。市场的全面性体现在市场的各个层面，包括生产、分配、交换和消费等。市场的综合性体现在市场的各个环节，包括生产、流通、分配和消费等。这种全面性和综合性，使得市场能够更好地满足社会的需求，实现资源的优化配置。其次，大市场观强调了市场的动态性和变化性。它认为，市场是一个不断变化和发展的系统。市场的动态性体现在市场的供求关系上，市场的供求关系会随着时间和环境的变化而变化。市场的变化性体现在市场的竞争态势上，市场的竞争态势会随着技术和经济的进步而变化。这种动态性和变化性，使得市场能够更好地适应社会的变化，实现经济的持续发展。再次，大市场观强调了市场的公平性和效率性。它认为，市场应该是一个公平、公正、公开的平台。市场的公平性体现在市场的规则和机制上，市场的规则和机制能够保障市场的公平竞争。市场的效率性体现在市场的运行效率上，市场的运行效率能够实现资源的优化配置。这种公平性和效率性，使得市场能够更好地满足社会的需求，实现经济的持续发展。最后，大市场观强调了市场的可持续性和共享性。它认为，市场是一个可持续、共享的平台。市场的可持续性体现在市场的运行方式上，市场的运行方式应该能够实现经济的可持续发展。市场的共享性体现在市场的参与主体上，市场的参与主体能够实现资源的共享和共赢。这种可持续性和共享性，使得市场能够更好地满足社会的需求，实现经济的持续发展。总的来说，这种理念对于理解和把握市场经济的发展规律具有重要意义。

与传统市场观念相比，大市场观具有如下特征：一是强调市场的超大规模和广阔范围，应跨越地域和行业界限，形成全国统一乃至全球一体化的大市场。二是在功能上除了商品交换功能外，还强调市场的资源配置、信息传递、价格发现等多种功能，要在经济活动中发挥着更为全面和重要的作用。三是市场是经济发展的核心和关键，市场的规模、活力和效率直接影响经济发展的质量和速度。四是市场是网络的、联通的、连续的、共享的，不是割裂的、碎片的、孤立的和垄断的。从农业发展领域看，大市场观更强调农产品市场逐渐打破地域限制，形成全国统一的大市场，甚至融入全球农产品市场；流通渠道更加多样化，包括电商平台、冷链物流等，使得农产品能够迅速、便捷地到达消费者手中；农产品市场发挥资源配置作用，引导农业生产向优势区域集中；市场信息传递功能更加完善，从而引导农民调整生产结构和种植品种；价格发现功能也使得农产品价格更加合理透明；农产品市场成为农业经济发展的核心驱动力，市场规模的扩大、市场功能的完善以及市场与农业生产的紧密联系，共同推动了农业经济的快速增长和转型升级。

（二）大市场观的实践和应用

在大市场观的角度下，东北地区黑土地上的粮食生产实践和应用，对于推动我国粮食生产的发展具有重要意义。首先，从东北地区黑土地保护的角度来看，实施科学合理的耕作制度、推广绿色种植技术、提高农业生产效率是关键。例如，黑龙江省在提升黑土耕地质量方面，采取了综合施策，包括加强农田工程建设、发挥大农机作用、推广秸秆还田、推行绿色种养循环等。这些措施有效地改善了黑土地的质量，提高了农业生产效率。其次，从东北地区黑土地利用的角度来看，合理调整农业结构、发展现代农业是关键。例如，黑龙江省在防止耕地"非粮化"方面，坚持科学合理利用耕地资源，明确耕地利用优先序，重点用于发展粮食生产。同时，黑龙江省还积极推动农业绿色发展，实施以"一翻两免"为核心的秸秆翻埋、碎混、覆盖还田措施，推动粮食安全与固碳增汇协同发展。再次，从东北地区黑土地保护和利用的经济效益的角度来看，实施农业企业合作模式、发展绿色农业是关键。例如，由金正大牵头组织的农企合作模式试点，在保护黑土地的同时，让农民有收益，让企业有效益，为今后各类土壤保护工作提供了可借鉴的经验。最后，从东北地区黑土地保护和利用的社会效益的角度来看，推动农业科技创新、提高农民素质是关键。通过秸秆还田等黑土地保护措施，土壤有机质含量显著提升，也带动了粮食单产的显著提升，使农民看到了农业科技创新的"甜头"，并进而提高了农民应用科技创新的内生动力，形成了基于大市场观的"农业科技创新——农业实际效益——农民内生动力——更进一步的农业科技创新"的良性循环，打造根植于黑土地的内生发展新力量。

（三）大市场观在黑土地上的未来路径

在大市场观下，东北地区黑土地上的粮食生产需要进行路径创新。首先，需要建立一套完善的粮食生产要素监测和决策支持系统，通过对土地、水资源、气候等要素的实时监测和分析，为农民和农业部门提供科学的决策依据，从而提高粮食生产的效率和质量。其次，需要加大粮食生产关键技术研发和推广力度，提高农业生产的技术水平。包括推广先进的种植技术、病虫害防治技术、肥料施用技术等，提高农作物的产量和质量。再次，需要推进粮食生产产业化，提高农业的综合效益。包括发展农产品深加工，提高农产品的附加值；推动农业与旅游、文化等产业的融合发展，实现农业的可持续发展。此外，还需要建立一套有效的粮食生产政策和市场机制，引导农民和农业部门合理利用黑土地资源，提高粮食生产的效率和质量。包括制定和实施一系列有利于粮食生产的税收政策、土地政策、金融政策等，以及建立有效的粮食市场机制，引导农民和农业部门合理调整生产结构，提高粮食生产的效率和质量。最后，还需要加强环境保护和资源管理，保护黑土地的生态环境，实现农业的可持续发展。包括推广绿色农业，减少农药和化肥的使用，保护土壤和水资源，以及加强对农业废弃物的处理和利用，实现农业的循环发展。在大市场观下，东北地区黑土地上的粮食生产需要进行路径创新，通过建立完善的粮食生产要素监测和决策支持系统，加大粮食生产关键技术研发和推广力度，推进粮食生产产业化，建立有效的粮食生产政策和市场机制，以及加强环境保护和资源管理，实现黑土地资源的可持续利用，保障国家粮食安全。

第四节　黑土地孕育新力量

近年来，随着改革开放进程的推进和深入，随着各项深层次改革攻坚的逐步推进，黑土地上正在孕育一股新力量。这股新力量是中国式现代化建设所带来的市场力量、创新力量、绿色力量和开放力量，是黑土地上融入大农业观、大粮食观、大生态观、大科技观、大市场观的综合成果。

一、市场力量

新质生产力提出以来，黑土地上的市场力量正在加强，融入全国统一大市场及全球市场体系的步伐正在加速，新的更加强大的市场力量即将迸发。一是新质生产力能够强化黑土地上的市场力量。新质生产力的核心理念是创新和高科技的应用，这与东北地区丰富的科研教育资源和工业基础形成了有力的结合。东北地区拥有众多高校和科研机构，这些机构在新材料、新能源、智能制造等领域具有深厚的研究底蕴，为新质生产力的发展提供了强大的技术支持。同时，东北地区的传统产业，如装备制造、汽车工业等，也在积极寻求与新质生产力的结合点，以实现产业的转型升级。在新质生产力的推动下，东北地区的市场力量正在不断加强。一方面，新兴产业的发展带动了市场需求的增长，为市场注入了新的活力。另一方面，传统产业的转型升级也提高了市场竞争力，使东北地区的产品和服务能够更好地满足国内外市场的需求。这种市场力量的加强不仅体现在量的增长上，更体现在质的提升上，即产品和服务的高科技含量和附加值的提高。二是新质生产力将加速融入全国统一大市场体系步伐。全国统一大市场体系的建设为东北地区提供了更广阔的发展空间。在这一体系下，商品和要素能够在各行业、各地区间自由地、无障碍地流通，这为东北地区的产品和服务进入更广泛的市场提供了便利。同时，全国统一大市场体系的建设也促进了东北地区与其他地区的经济合作和交流，推动了区域经济的协调发展。东北地区正积极融入全国统一大市场体系，通过加强区域合作、优化市场环境、提高市场开放度等措施，加快融入步伐。特别是随着"一带一路"建设的深入推进，东北地区作为向北开放的重要窗口，其地理位置和资源优势得到了进一步凸显，为融入全国统一大市场体系提供了有力支撑。三是新质生产力将增强融入全球市场体系的动能。全球经济一体化的发展趋势要求东北地区必须积极融入全球市场体系。新质生产力的提出为东北地区参与全球竞争提供了新的契机。通过加强科技创新、提高产品质量和科技含量，东北地区的产品和服务在国际市场上的竞争力不断提升。同时，东北地区也在积极拓展对外贸易渠道，加强与共建"一带一路"国家的经贸合作，推动进出口贸易的平衡发展。东北地区还在积极引进外资和技术，推动本地产业的国际化发展。通过与国际知名企业的合作，引进先进的技术和管理经验，提升本地产业的国际竞争力。这种融入全球市场体系的动能加强，不仅有助于提升东北地区的经济实力和国际影响力，也有助于推动该地区的产业转型和升级。当然，东北地区的市场力量仍受到诸如体制机制及文化因素的影响、资源环境和交通等方面的限制以及人口老龄化和劳动力短缺等问题的制约。但是通过深化经济体制改革，可以破除体制机制障碍，释放市场活力，加大基础设施建设和环境保护投入，提升资源环境承载能力，加强人才培养和引进工作，缓解劳动力短缺问题，加强与国内外其他地区的经济合作和交流，实现优势互补和协同发展等措施，市场的强大力量能够助力黑土地走出新局面，展现新面貌。

二、创新力量

新质生产力提出后，黑土地上面临着前所未有的创新机遇，孕育着更加强大的创新力量，高等院校、科研机构、高新区自创区等平台将发挥更大的作用，共同推动区域创新的不断发展。一是新质生产力有利于创新力量的加强。新质生产力的核心理念是创新，它鼓励通过科技研发和技术创新来推动经济增长。东北地区作为我国的重要工业基地，拥有丰富的科研教育资源和工业基础，为新质生产力的发展提供了得天独厚的条件。在新质生产力的推动下，东北地区的创新力量正在不断加强。二是高等院校和科研机构的服务能力提升。东北地区拥有众多高等院校和科研机构，这些机构在新材料、新能源、智能制造等领域具有深厚的研究基础。随着新质生产力的提出，这些机构将进一步加强对区域发展的服务。它们通过与企业合作，开展产学研一体化项目，推动科技成果的转化和应用。同时，高等院校和科研机构还将为东北地区培养更多的创新型人才，为区域创新提供源源不断的人才支持。三是高新区自创区等平台的贡献加大。高新区自创区等平台是东北地区创新发展的重要载体。这些平台集聚了大量的高科技企业和创新资源，为科技创新和成果转化提供了良好的环境。在新质生产力的推动下，这些平台将进一步发挥其创新引领作用，吸引更多的创新要素集聚，推动区域创新的快速发展。四是创新生态的优化和升级。创新生态是推动创新发展的重要因素。东北地区正不断优化和升级其创新生态，为创新创业提供更加良好的环境。政府加大对创新创业的支持力度，完善创新创业政策体系，降低创新创业门槛。同时，加强知识产权保护，激发企业和个人的创新活力。这些措施将有助于形成良好的创新氛围，推动东北地区的创新发展。在这种背景下，将呈现出如下几个趋势：一是高等院校、科研机构服务区域发展的深化。高等院校和科研机构是创新体系的重要组成部分。在新质生产力的推动下，它们将进一步深化对区域发展的服务。包括加强产学研合作，共同开展科技研发项目，将科研成果更快地转化为实际生产力，推动区域经济的发展，提高企业的技术水平和创新能力。高等院校将更加注重创新型人才的培养。通过优化课程设置、加强实践教学、开展创新创业教育等措施，提高学生的创新意识和实践能力。二是高新区自创区等平台发挥更大贡献。在新质生产力的推动下，高新区自创区等平台将进一步加强创新资源的集聚。通过优惠政策、完善的基础设施和服务体系等，吸引更多的高科技企业和创新团队入驻。更加聚力促进科技成果的转化和应用。通过建立完善的科技成果转化机制，加强企业、高等院校和科研机构之间的合作，推动科技成果的产业化进程。这将有助于提高东北地区的科技水平和产业竞争力。三是创新型省份、创新型区域建设及高科技产业发展成为最强引擎。在新质生产力的推动下，通过加强科技创新、推动产业升级、优化创新环境等措施，提高区域创新能力和竞争力。在新质生产力的推动下，东北地区将大力发展高科技产业，如新一代信息技术、人工智能、新能源等。这些产业的发展将带动相关产业链的完善和提升，推动东北地区的经济转型和升级。当然，黑土地上仍面临如创新人才短缺、创新资源配置不均衡、创新体制机制不完善等挑战，通过不断加大创新人才培养和引进力度，提高创新人才的数量和质量，优化创新资源配置，促进创新资源的均衡分布和高效利用，深化科技体制改革，完善创新体制机制，激发创新活力等举措，新质生产力必将为黑土地的创新发展注入新的活力。

三、绿色力量

新质生产力提出后，东北地区孕育着更加强大的绿色生态力量。随着新质生产力的不断发展和深入推进，将推动生态产业、新能源产业的壮大，促进生态旅游和生态文化活动的繁荣，发挥生态示范效应和生态开发模式的引领作用，实现碳汇资源的优化转化，真正做到"绿水青山就是金山银山"。一是新质生产力与东北地区绿色生态力量加强密切相关。如生态产业将迎来新的发展阶段，政府将加大政策扶持力度，鼓励企业投入生态产业领域，推动传统产业的绿色化改造和升级。依托丰富的自然资源和生态环境优势，大力发展生态农业、生态林业、生态工业等生态产业，形成具有地方特色的绿色产业链和产业集群。这将有助于提升东北地区的产业竞争力和可持续发展能力。新能源产业快速发展。东北地区拥有广阔的风能、太阳能等资源，为新质生产力下新能源产业的发展提供了有利条件。政府和企业将加大对新能源技术的研发和应用投入，推动风电、光伏等新能源项目的建设运营。积极探索氢能、生物质能等新兴能源领域的发展机遇，构建多元化清洁能源体系，降低碳排放强度，助力实现碳中和目标。生态旅游和生态文化活动的繁荣。东北地区凭借得天独厚的自然风光和人文资源，具备了发展生态旅游的坚实基础。在新质生产力的引领下，东北地区将进一步开发特色旅游资源，提升旅游服务质量水平，打造一批具有影响力的生态旅游品牌和产品。同时，积极开展各类生态文化活动，如环保公益宣传、自然科普教育等，提高公众的生态意识和文明素养。二是生态示范效应与生态开发模式的引领作用更为强劲。在新质生产力的推进过程中，东北地区注重发挥生态示范效应的作用。通过树立典型、推广经验等方式，让更多的人认识到绿色发展带来的实际效益和价值。同时，加强对生态文明建设的宣传引导工作，形成良好的社会氛围和舆论环境。这些举措将有助于激发更多企业和个人参与到绿色发展中来，共同推动形成人与自然和谐共生的良好局面。生态开发模式探索与实践更为频繁。东北地区在生态开发模式的探索上取得了显著成效。例如，推行循环经济发展模式，实现资源的高效利用和废弃物的减量化处理；采用生态补偿机制，对生态环境保护者进行合理补偿和激励；推广绿色金融理念，引导社会资本投向绿色产业和项目等。这些生态开发模式的实践将为东北地区的可持续发展提供有力保障。三是碳汇资源的优化转化与"绿水青山就是金山银山"的实现。东北地区作为我国的重点林区之一，具有丰富的碳汇资源潜力。在新质生产力的指引下，将更加注重碳汇资源的优化转化工作。一方面，加强森林经营管理和保护修复工作，提高林地的固碳能力和生态功能等级；另一方面，积极拓展碳汇交易市场和相关金融服务体系的建设发展，为碳汇资源的经济价值实现提供渠道和支持。"绿水青山就是金山银山"是习近平生态文明思想的重要内容，在新质生产力的作用下，东北地区正努力实现这一理念的转化落地。通过发展绿色产业、推广绿色技术、弘扬绿色文化等多种途径，将生态环境的优势转化为经济发展的胜势。同时，建立健全生态文明制度体系，加强法治保障和政策支持，确保经济社会发展的可持续性。这样，东北地区就能真正走上一条生产发展、生活富裕、生态良好的文明发展之路。当然，黑土地上绿色力量的壮大也面临着部分区域产业结构偏重、资源消耗较高、一些地区生态环境质量仍需进一步提升，以及人才和技术等方面的制约因素等。但是，通过加快产业结构调整和优化升级步伐，推动形成绿色低碳的产业体系，加强生态环境保护治理工作力度，完善生态文明基础设施建设和公共服务体系，加大人才培养和引进力度，提高科技创新能力和水平，完善政策支持体系和市场机制建设，营造良好的创新创业环境和氛围等措施，紧紧抓住这个历史性的窗口期，充分发挥自身优势和潜力，东北地区的绿色生态力量必将愈发强大。

四、开放力量

新质生产力的提出为东北地区的发展注入了新的活力，在新活力的支撑下，黑土地上将孕育出更加强大的开放力量，融入国内国际双循环的开放体系将更加健全，基于多种生产要素组合的开放内容更加丰富，"走出去"和"引进来"将更好地结合，并在人类命运共同体和人类文明新形态建设中发挥更大的作用。一是新质生产力将增强黑土地上的开放发展能力。新质生产力的核心在于创新，这要求东北地区在经济发展中注重科技创新和产业转型升级。通过引进和培养高素质人才，加强科研投入和技术创新，推动传统产业向高端化、智能化、绿色化方向发展。同时，积极培育新兴产业和未来产业，形成新的增长点，从而增强东北地区的经济实力和竞争力。新质生产力的提出，使得东北地区更加注重对外开放合作。政府和企业需要积极融入国内外市场，加强与周边地区和国家的经贸往来及文化交流。通过举办各类经贸活动、推动贸易和投资便利化等措施，吸引更多外来投资和优质资源进入东北地区，促进区域经济一体化和国际化进程。二是新质生产力发展需要加速融入国内国际双循环的开放体系。在新质生产力的引领下，东北地区应积极参与国家重大区域发展战略，深化与京津冀、长三角等地区的合作与交流。通过加强基础设施建设、推进产业协同发展等方式，实现资源共享和优势互补，共同构建以国内大循环为主体、国内国际双循环相互促进的新发展格局。在融入国内循环的同时，东北地区还需积极拓展国际市场空间。利用自身优势和特色资源，打造具有国际竞争力的产品和服务品牌。通过参加国际展览、举办海外推介活动等途径，提升东北地区的知名度和影响力，进一步拓宽海外市场渠道和网络布局。三是新质生产力将丰富基于多种生产要素组合的开放内容。新质生产力强调科技创新的重要性，因此东北地区应加强与其他地区和国家的科技交流及合作。通过建立联合实验室、共享科研成果等方式，推动技术创新和成果转化应用，提高自主创新能力并促进产业升级转型。除了科技交流外，东北地区还应深化与其他地区和国家的产业合作及发展。根据市场需求和资源禀赋情况，合理规划产业布局和优化产业结构，推动形成产业集群和产业链上下游联动发展的良好机制。同时，注重培育新兴产业和未来产业，抢占先机并赢得主动权。四是新质生产力将强化"走出去"和"引进来"相结合。在新质生产力的推动下，东北地区的企业应积极实施"走出去"战略。通过对外投资建厂、设立研发中心等方式，参与全球资源配置和市场竞争，提升自身实力和国际竞争力。同时，加强与国际知名企业的战略合作，共同开拓国际市场并实现互利共赢的目标。除了"走出去"，东北地区还需加强"引进来"的工作力度。制定更加优惠的政策措施，吸引外来投资和企业入驻本地区。优化营商环境，提供便捷高效的服务支持，确保外来投资者能够获得良好的回报和发展空间。此外，还要注重引进先进技术和管理经验，促进本地企业的升级转型和创新发展。五是新质生产力将推动黑土地区域在人类命运共同体和人类文明新形态建设中的作用。新质生产力的提出，为东北地区在全球范围内的合作与交流提供了更广阔的平台和机遇。通过积极参与全球经济治理体系改革和建设，加强与世界各国的互联互通和共同发展，东北地区可以为推动构建人类命运共同体贡献自己的力量。同时，东北地区还将为人类文明新形态的塑造发挥积极作用。注重绿色发展、可持续发展理念的贯彻落实，推动形成节约资源和保护环境的生产方式与生活方式。加强文化交流互鉴与融合创新，促进不同文明之间的和谐共生与共同进步。未来，随着新质生产力的不断深入发展，相信中国东北地区的黑土地将在全球经济格局中占据更加重要的地位和作用，为人类社会的进步和发展做出更大的贡献。

小　结：创新的关系

　　党的十八大以来，在新发展理念的指引下，黑土地保护以及在基于保护理念下的高效利用，成为人、粮食和黑土地关系的主体。十余年来，种子技术、种植技术、耕地利用技术、生态技术、遥感技术等全面运用，经济政策、产业政策、社会政策、文化政策等综合发力，让人、粮食和黑土地的关系呈现全新面貌。

　　人与粮。这个关系正在从传统的投入大量人力物力生产粮食转化为依靠更少的人力物力和依靠更高的智力来生产更多的粮食上，正在从传统的依靠黑土地上的人生产粮食转化为依靠全国的人生产粮食上。在这样的转换中，基于人工智能的各种农机具已经开始应用，基于国家层面设计、地方层面执行的省际横向利益补偿机制已经开始探索。在这种情况下，黑土地上的人粮关系已经成为国家人与粮关系的集中体现，已经成为依靠技术解决人粮关系的试验地。

人与地。随着人粮关系的转变，特别是人口收缩以及耕地治理措施强化，人与地的关系已经呈现出新的变化。一方面，生产生活生态空间用地已经成为新时代的结构性问题，农村区域生活空间存在着被压缩的可能。另一方面，国家对耕地的需要引发的黑土地区域耕地的扩张，可能会引起耕地与生态环境的新矛盾。这些问题可能短期内不会引发相关问题，但从中长期看可能会导致包括黑土地上的生产关系变化等新的不确定性的存在。必须认识到当前是黑土地上人地关系的重要转换期，认清这一点才能慎重施策，保障稳中有进的发展，强化稳中育新的可能。

粮与地。在人与粮、人与地的关系发生转化的情况下，粮与地的关系也在发生变化，即在一定程度上呈现从"向地要粮"到"向粮要地"的变化，包括种什么粮食节省地力、怎么推动秸秆还田、如何通过畜牧业的"过腹转化"提高地力等等。多层次多领域的实践表明，目前正在由单向的"向地要粮"向循环的"粮地生态"发展，这是一种更可持续的方式，也是一种更加依赖技术支撑和创新驱动的方式。

邱会宁 摄

    自从 2023 年 9 月 7 日新质生产力概念提出以来，经过大半年的讨论和研究，《中共中央关于进一步全面深化改革　推进中国式现代化的决定》对其进行了归纳和总结，并在"健全因地制宜发展新质生产力体制机制"中指出，"推动技术革命性突破、生产要素创新性配置、产业深度转型升级，推动劳动者、劳动资料、劳动对象优化组合和更新跃升，催生新产业、新模式、新动能，发展以高技术、高效能、高质量为特征的生产力""健全相关规则和政策，加快形成同新质生产力更相适应的生产关系，促进各类先进生产要素向发展新质生产力集聚，大幅提升全要素生产率。鼓励和规范发展天使投资、风险投资、私募股权投资，更好发挥政府投资基金作用，发展耐心资本"。可以说，新质生产力已经成为"黑土粮仓"建设必不可少的背景，它也将成为"黑土粮仓"建设的最为关键的动力。而"黑土粮仓"与新质生产力的融合，落脚点就在于要发展"农业新质生产力"。

第四章

融合：新质生产力新征程

第一节 农业新质生产力概念要点

一、新质生产力的概念以及理论问题

新质生产力概念提出后，魏后凯、罗必良、姜长云、陈文胜等"三农"领域知名学者均对农业农村领域培育壮大新质生产力问题以及培育发展农业新质生产力问题进行了研究。本文以"农业新质生产力"为统一称呼，对相关概念和要点进行了梳理。如魏后凯等指出，新质生产力对现代化大农业发展具有引领作用，为现代化大农业发展明确了着力点，提供了内在支撑，开辟了新起点、新机遇和新路径。实践中，新质生产力能够有效拓展农业生产空间及功能，弥合农业科技短板，推动农业形成大产业格局，促进农业绿色低碳转型，由此引领、支撑并推动现代化大农业发展。以新质生产力引领现代化大农业发展，需要加快构建与之相适应的现代农业科技创新体系和现代化大农业产业体系，强化与之相配套的现代化大农业基础设施建设和新型农业人才队伍建设，推动与之相协调的体制机制适应性变革。罗必良等指出，推进中国式农业现代化进程，实现"大国小农"向"大国强农"的历史性跨越，迫切需要加快形成以高质量为目标、以创新引领为基础、以科技赋能为内核的农业新质生产力。基本的方向是，着力推进从传统要素到重构基要函数的根本性转变，从能源农业到数智型农业的跨越性提升，从种子技术到"五良法"的匹配性延伸，从大食物观到大国土资源观的创新性配置，从食物生产到农业功能拓展的突破性转型，从农民队伍到新型农业经营主体的系统性培育。姜长云指出，要面向加快建设农业强国和把农业建成现代化大产业的需求，科学处理农业新质生产力与农业传统生产力、仰望星空与脚踏实地、有为政府与有效市场、统筹高质量发展与高水平安全、农业新质生产力特殊性与新质生产力一般性等的关系。朱迪等从农业劳动者、农业劳动对象和农业劳动资料三个维度构建了农业新质生产力综合评价指标体系，通过评价研究发现，中国农业新质生产力发展水平提升明显，但整体水平仍然偏低，粮食主销区的发展水平较高。中国农业新质生产力分维度发展水平由高至低依次为新质劳动对象、新质劳动者和新质劳动资料。各地区发展水平存在一定的极化现象，但极化效应的影响在研究期间逐渐弱化。组间差异是导致我国农业新质生产力发展不均衡的主要原因。空间分布格局会影响中国农业新质生产力的演变过程，相邻省份发展水平的提升能够提高本省向高水平转移的概率。中国人民大学孔祥智等认为，在农业新质生产力中，高素质的新农科人才是其第一要素，创新所带来的高技术含量生产资料是其重要物质基础，同时农业新质生产力具有动态性、时代性、可持续性和应用性等特征，其发展壮大的过程，正是利用现代科技创新成果对农业进行改造升级的过程。陈文胜等指出，加快农业新质生产力发展，必须围绕破解农业供给侧结构性矛盾，突破传统农业生产中仅关注产量和效率的模式，更加注重质量、可持续性以及资源利用效率的提升。同时阐述了"科技创新是农业新质生产力发展的战略支撑""绿色生产是农业新质生产力发展的应有之义""产业链整合是农业新质生产力发展的关键环节""人才培养是农业新质生产力发展的根本保障""制度变革是农业新质生产力发展的内在要求"等观点。笔者也对相关问题进行了一定探索，认为农业新质生产力问题要把握"新质生产力首先是国家生产力""培育壮大新质生产力要和'三生'空间融合发展""新质生产力赋能农村要优先于赋能农业"等观点。

从全球农业发展进行研究的成果中，笔者认为联合国粮农组织的一份关于农业发展关键驱动要素的报告与农业新质生产力发展具有密切关联。这份报告指出，农业发展关键驱动要素包括系统性（总体）驱动因素、直接影响粮食获取和生计的驱动因素、直接影响粮食和农业生产及销售过程的驱动因素、影响环境系统的驱动因素。系统性（总体）驱动因素，包括人口增长和城市化，预计将增加和改变粮食需求，经济增长、结构转型和宏观经济展望，这些并不总是带来包容性社会经济转型的预期结果，跨国相互依存，将全球农业粮食体系联系在一起，大数据的生成、控制、使用和拥有，这使得实时创新技术和决策成为可能，在农业领域也是如此，地缘政治不稳定和冲突增加，包括基于资源和能源问题的冲突，不确定性表现为在许多情况下无法预测的突发事件。直接影响粮食获取和生计的驱动因素，包括农村和城市贫困，很大一部分农村人口生活在贫困或极端贫困之中。不平等，其特点是收入高度不平等，就业机会、性别、获得资产、基本服务不平等和不公平的财政负担；粮食价格，实际上比20世纪七十年代低，但比20世纪八十年代和九十年代高，尽管事实上它们未能反映粮食的全部社会和环境成本。直接影响粮食和农业生产及销售过程的驱动因素，包括创新和科学，包括更多"创新性"技术（包括生物技术和数字技术）和系统性举措（尤其是生态农业、保护性农业和有机农业）；对农业粮食体系的公共投资，往往投入不足；生产的资本／信息密集度，由于生产的机械化和数字化，包括在粮食和农业生产中，这种密集度正在提高；粮食和农业投入和产出市场集中，这是对农业粮食体系的抵御能力和公平性的挑战；消费和营养模式，由消费者的行为变化导致，消费者越来越多地需要针对他们所食用食物的营养成分和安全性做出复杂的选择，其中将消费者需求转向更健康的膳食模式是关键。影响环境系统的驱动因素，自然资源的稀缺和退化，包括土地、水、生物多样性、土壤；疫病和生态系统退化，由于跨境植物病虫害的上升趋势、农业侵入野生地区和森林、抗微生物药物耐药性、动物产品生产和消费的增加；气候变化，包括极端天气、气温变化以及降雨规律变化，已经影响到农业粮食体系和自然资源，预计将加剧农村地区的饥饿和贫困；在"蓝色经济"中，与渔业和水产养殖部门相关的经济活动的发展在全球范围内不断增加，而越来越多的权衡取舍需要健全的决策，将技术、社会和经济解决方案、生产系统的生态系统恢复原则以及跨部门利益相关方的参与在推动转型的农业粮食体系背景下予以整合。

二、"黑土粮仓"农业新质生产力发展要点

从吉林省和黑龙江省的 2024 年一号文件看，吉林省农业新质生产力的主要内容包括：①加强黑土地保护，打好"黑土粮仓"科技会战，推动"梨树模式"提质扩面，集成示范先进技术，探索新的耕作模式。开展耕地质量监测评价。治理侵蚀沟。②加强农业基础设施建设。建设高标准农田。扩大中西部易旱地区农用机井建设。加快推动大中型灌区续建配套与现代化改造项目建设。加强小型农田水利设施建设和管护。实施重点涝区排水疏浚工程。推进灾毁农田水利设施修复和重建。加强农田防护林体系建设。加强干旱、洪涝、风雹、重大病虫害等灾害监测预报能力建设。③强化农业科技支撑，鼓励科企联合开展盐碱地综合利用技术攻关，优选全省农业主导品种、重点主推技术、主推实用技术。落实国家农业重大技术协同推广试点项目，完善"政产学研推用"链式模式。推动基层农技推广体系条件建设，强化公益性服务功能。持续推进农业高新技术产业示范区、农业科技园区建设。④加快种业振兴发展，加强种质资源保护利用，加大种源关键核心技术攻关，培育作物新品种。发展育繁推一体化种业企业。建设高标准制种基地。⑤推动农业数智化发展，大力发展智慧农业，建设认定一批智慧农业示范基地和"数字村"，开展数智赋能大田作物单产提升试点示范建设。加快玉米全产业链大数据中心和平台建设。加强涉农信息协同共享。推动涉农企业、农业生产经营主体数智化转型升级。

⑥加快先进农机研发推广，推进智能免耕播种机、丘陵山地收获机、粮食烘干机等研发创制。⑦促进农村一二三产业融合发展，加快构建粮经饲统筹、农林牧渔并举、产加销贯通、农文旅融合的现代乡村产业体系，培育万亿级大农业集群。推进现代农业产业园、农业现代化示范区等平台载体建设。持续培育农业产业化联合体。构建"农文旅"融合价值链体系。⑧加快打造全国高端食品加工基地，引导农产品加工业向县乡村下沉、向食品加工和销售等中下游延伸，加快从"卖原料"向"卖产品"转型。建设头部经济产业园。做大叫响"吉字号"农产品品牌。⑨构建多元发展农业产业体系，做优"土特产"文章。⑩加快完善农村物流体系。实施县域商业建设行动，引导大型商贸流通企业下沉渠道资源，培育农村物流服务品牌。黑龙江省农业新质生产力主要内容包括：①创新推动科技农业。加强国家级重点实验室等农业科技创新平台体系建设，加快建设佳木斯国家农业高新技术产业示范区，推动人工智能、生物技术、大数据等先进技术赋能现代农业。实施现代种业提升工程，完善联合研发和应用协作机制，加大种源关键核心技术攻关。开展重大品种研发推广应用一体化试点，加快国家级大豆种子基地建设。大力实施农机装备补短板行动，深入推进国家大型大马力高端智能农机装备研发制造推广应用先导区建设，开辟急需适用农机鉴定"绿色通道"，加快更新气力式播种机、智能化植保无人机，全省农作物耕种收综合机械化率稳定发展。大力发展智慧农业，争创国家智慧农业引领区。强化公益性服务功能，支持基层农技推广体系建设，建设现代农业科技示范展示基地。②全域推进绿色农业。以国家农业绿色发展先行区为重点，加快发展农牧结合、种养循环的绿色生态农业，绿色有机食品认证面积实现突破。开展农业面源污染综合防治，实施科学施肥增效行动，推动农药减量化。推进兽用抗菌药使用减量化行动。强化重大动物疫病和重点人畜共患病防控。加强农业废弃物资源化利用，实施畜禽粪污资源化利用整县推进项目

建设。高标准推进秸秆还田离田，秸秆综合利用率保持较高水平。③坚持质量强农，全面提升农业质量。发挥国家农产品质量安全县示范引领作用，创建农产品质量安全省。加强农业生产地方标准制修订，创建国家现代农业全产业链标准化示范基地。探索建立农产品特征指标评价体系。加强食用农产品产地质量安全控制和产品检测，加强农产品质量安全追溯体系建设，利用数字技术提升"从农田到餐桌"全过程食品安全监管能力。深入开展食用农产品"治违禁、控药残、促提升"专项行动。④坚持品牌惠农，做优做强品牌农业。实施农业品牌提升行动，加强优质品牌培育和管理。持续提升"黑土优品"（黑龙江省级农业区域公用品牌）和"九珍十八品"[①]市场知名度和影响力，完善标准体系，把好质量关，加大已认定产品复核力度，维护品牌信誉。以"黑土优品"和"九珍十八品"为牵引，把黑龙江农产品打造成为质量过得硬、品牌叫得响、安全有保障、带动能力强的绿色优质农产品精品，高质量服务全国消费者。开展一线城市品牌行产销对接，用好大型展会平台，强化央媒和新媒体传播推广，拓宽线上线下营销渠道，让更优、更绿、更香、更安全的优质农产品走出黑龙江、卖向全国。

　　基于以上观点，笔者认为农业新质生产力的要点包括但不限于：①明确农业新质生产力的主要模式。兼顾黑土地区域保护恢复和盐碱地治理提升两个路径提升耕地支撑能力，其中黑土地区域侧重于复肥力和稳产能，盐碱地治理提升要向以种适田转变。②明确农业新质生产力的系统构成。以良种为核心，构建集良种良技良机智慧于一体的农业科技创新系统，增强技法、机器、智能等的支撑能力，提升农业科技创新的系统性思维和集成化能力。③明确农业新质生产力的主导

[①]　"九珍十八品"即龙江森林食物"九珍十八品"名录相关产品。其中"九珍"包括猴头菇、松茸、灵芝、野生蓝莓、东北黑蜂蜂产品、林蛙、人参、毛尖蘑、刺嫩芽；"十八品"包括红松籽、黑木耳、白桦汁、榛子、西洋参、刺五加、椴树蜜、鹿产品、北五味子、蓝靛果、树莓、沙棘、紫苏、黄芪、平贝、黄精、板蓝根、赤芍。

力量。进一步发挥地方农科院作为农业主导品种、技术的主要提供者的作用，要进一步强化其在创新链中的定位，做好知识创新与产品创新、孤立创新与系统创新、自由探索式创新与问题导向型创新的桥梁。④明确农业新质生产力的链条构成。不能用农业科技体系代替农业创新链系统，要从教育系统、基础研究、应用研究、成果转化、农技推广、科技服务、信息反馈等环节构筑更加完善的农业科技创新链系统。⑤明确农业新质生产力的生态系统。加强科技创新体系中不同环节之间的人的沟通，建立跨学科、跨机构、跨平台、跨业态的人员交流合作机制，以人的作用发挥为核心，探索"人无我有"的科技创新模式。⑥明确农业新质生产力的政策体系。统筹宏观政策落实和"微创新"的需要设计政策体系，确立独到的农业科技创新考核体系，努力推动农业从业者参与到创新政策设计中来。⑦明确农业新质生产力的开放体系。建立省内外农业科技创新供给的机构清单、技术清单、产品清单，分省内外确定分类推进措施，按不同类型主体深化省内外农业科技创新合作。要关注国际上对粮农领域的新探索。⑧明确农业新质生产力的细分规律。种子、农机、土地、技法、信息及智能等不同领域的科技创新规律是不同的，要加强对其投入模式、盈利模式、产业组织模式的进一步总结，指导不同领域提高科技创新效率。

第二节　探索农业新质生产力架构

探索农业新质生产力，还要统筹理论逻辑和实践逻辑，统筹农业农村农民"三位一体"，统筹时间逻辑和空间逻辑，统筹安全逻辑和发展逻辑。至少要做到这四个统筹，才能探索较为完善的农业新质生产力架构。"黑土粮仓"必须考虑到自身的独特性，从更深层次把握这样的框架予以培育和发展农业新质生产力。

一、统筹理论逻辑和实践逻辑

农业新质生产力发展的理论逻辑，就是要注意生产力和生产关系的协同发展，注意统筹劳动者、劳动资料的新质化进程。前一节中黑龙江省和吉林省 2024 年一号文件的内容体现了实践逻辑，在进一步谋划和探索农业新质生产力发展中要同步强化理论逻辑。一是要把握黑土地上的生产力和生产关系的变化规律，生产力发展是推动农业现代化的关键，东北黑土地的生产力发展已经进入到必须依靠科技创新与应用上；而生产关系的调整是适应生产力发展的必然要求，这就要求必须推动建立符合农业科技创新与应用的生产关系，土地制度的改革、农业经营主体的多元化、政策扶持与引导等都要围绕农业科技创新以及农业新质生产力发展服务。二是要着力推动劳动者和劳动资料的新质化进程，如劳动者科技素质、经营管理能力、创新意识的增强，劳动资料的更新和改善，包括但不限于农业机械化水平、农业信息化、农业生态化等相关技术能力的升级甚至换代。三是要统筹劳动者和劳动资料的新质化进程，要让两者的新质化进程相适应，这就需要建立完善联动体系和具有韧性的农业科技创新体系，建设随着技术进步不断升级的农业人才培养机制，不断优化农业资源配置的结构和力度，形成有利于两者同步升级的制度保障和政策支持体系。

二、统筹农业农村农民"三位一体"

农业新质生产力发展要统筹农业农村农民"三位一体"关系，就是要把握三者之间的异质性和统一性。一方面，三者之间的功能角色具有差异性，农业更强调食品与原料供应、经济支撑、生态保护功能，更强化农村经济社会发展的基石作用，为农村提供经济基础和发展动力，为农村产业升级和转型提供支撑性力量；农村更强调居住与生活空间、社会交往与社区治理、文化传承与创新等功能，更强化连接城市与自然的桥梁的作用，成为推动城乡融合发展、实现共同富裕的重要载体；农民的功能主要是农业生产者、农村建设参与者、文化传承者与创新者，更强化农村经济社会发展的主体力量的角色以及从传统的农业生产者向多元化职业身份转变的趋势。另一方面，三者之间具有三个方面的一致性或统一性，包括基础与目标的一致性，农业、农村和农民三者紧密相连，发展农业新质生产力旨在提升农业生产效率，改善农村生活环境，增加农民收入；资源与环境的共享性，"三农"的"三生"空间互相重叠、互为依存，发展农业新质生产力要更加高效、可持续地利用这些资源，保护生态环境，从而实现三者之间的和谐共生；政策与措施的协同性，国家及地方政府在推动农业农村农民发展时相关政策和制度措施具有关联性和系统性，旨在同时促进农业、农村和农民的综合发展。

三、统筹时间逻辑和空间逻辑

农业新质生产力发展要统筹时间逻辑和空间逻辑，就是要把握新质生产力从培育到壮大再到赋能农业农村发展的时间过程，以及从城市到乡村之间传播演进的空间过程。从时间过程看，农业新质生产力不是一蹴而就的，需要经历培育、壮大、发展、融合等阶段。在培育阶段，往往要引入其他行业的新质生产力成果，使之与农业发展相结合，在点上形成突破，进而形成技术、人才、政策、产业的系统性生产力支撑；在壮大阶段，主要就是示范推广、产业融合等过程，让消费者或者农业生产者感受到农业新质生产力的益处；在发展阶段，就是要根据壮大阶段中存在的问题予以更加精准的改进，使之具有区域性、行业性、适应性、简易性等特点；最后是融合阶段，是让新质生产力与生产者融为一体，实现普遍提升农业效率、促进农民增收、改善农村环境等目的，形成新质生产力和新型生产关系有机配合的局面。从空间过程看，必须承认绝大多数农业新质生产力会诞生在城市中，必须畅通从城市到农村、从工商业到农业的生产力转移转化渠道。一方面要让农业从业者充分了解农业新质生产力的可能方向和既有成果，另一方面也要提升农业新质生产力成果的成熟性，并降低其应用成本，使之能够更加直接地在生产中应用。这就需要让城市里的新质生产力更加重视在农业领域的发展，需要在城乡之间架构起信息共享、人才互动的桥梁，需要完善乡村农业新质生产力运用的配套设施和提高相关配套服务能力。

四、统筹安全逻辑和发展逻辑

农业新质生产力发展能够更好地统筹安全逻辑和发展逻辑，实现安全发展和持续发展。农业新质生产力能够强化安全逻辑，包括粮食安全保障（提高粮食单产和总产量，增强粮食生产的稳定性和抗风险能力）、生态安全保障（注重绿色发展和生态保护，通过推广生态种植、循环农业等模式，减少化肥和农药的使用总量等）、农业产业链安全（推动农业产业链的延伸和拓展，提高农业产业的附加值和竞争力）、农业能源安全（更广泛使用新能源、加强农业与生物质等新能源产业之间的互动互促效应）以及农业科技安全、农业数据安全等。农业新质生产力能够强化发展逻辑，包括推动农业现代化（通过引入现代科技、装备和管理理念，推动传统农业向现代农业转变）、促进农村经济发展（带动农村经济的多元化和产业化发展，增加农民收入，改善农村生活条件）、实现可持续发展（发展循环经济、生态农业等模式，实现农业生产的可持续发展）。统筹安全逻辑与发展逻辑就是：增强科技创新驱动能力，使之在安全和发展之间平衡，加大农业科技研发投入，推动农业科技创新和成果转化；注意政策扶持引导，为统筹安全逻辑与发展逻辑提供良好的政策环境和市场条件；注意产学研用结合，加强农业科研机构、高校、企业和农户之间的合作与交流，形成产学研用紧密结合、更具发展韧性的创新体系；注意国际化发展，引进国外先进农业技术和经验，同时推动我国农业新质生产力的国际化发展。

五、农业新质生产力要把握"四个三"架构

在以上四个统筹的原则下，笔者认为农业新质生产力要把握"四个三"架构，从而实现持续性、包容性、多样性和安全性的整体提升。

（一）农业新质生产力要强化三个持续性

一是农业发展持续性。以技术支撑为主，推动农业持续发展。这里的技术支撑，不只是农业科学技术，还包括覆盖了农业生产的各个环节的相互关联的科学技术，甚至可以说包括了围绕着动植物生长而来的生物技术、化学技术、机械技术等，围绕着动植物生存环境的监测技术、生态技术、模拟技术，围绕着动植物产品开发的医药技术、生物技术、机械工艺等等，还有围绕着生长过程、生存环境、产品开发等协同发展所需要的交通、传感、大数据等相关技术。二是农村发展持续性。以治理支撑为主，推动农村持续发展，着力强化技术应用方面的治理和生态保护方面的治理，用技术降低对资源环境的消耗，用生态保护提升农村环境自我恢复能力。从治理上看，未来需要从"农业科技成果转化"或"农业科技推广"向"科技成果向农业转化""科技向农业推广"进行转变，全面提升各类技术应用于农业农村的能力；生态保护方面，则需要持续贯彻"绿水青山就是金山银山"理念，且推动这种理念渗透于农业农村各个角落，争取做到"凡治理先生态"。三是数据发展持续性。数据的积累、分析以及再认识，是持续性的重要组成部分。农业农村现代化既要契合数字经济时代的逻辑，提升数字化水平，又要在积累中不断升级；既要推动农业农村历史上的各类元素不断地数字化、数据化，又要提升现实中分析、运用历史因素，把握调整现实不足的能力，还要创新方法加强趋势判断，强化赢得未

来的能力；既要提升农业、农村发展数字化水平，又要培育新农民提升对数字化技术的运用能力。

（二）农业新质生产力要强化三个包容性

一是对自然人的包容强化。即把乡村打造成包容青年人、老年人、残疾人、创业失败人员、文艺体育人士等各类自然人群体的平台，要强化乡土气息、自然环境对不同人群的影响、改变和包容。要充分发挥包容性，把"来的都是客"的乡村变成"来了就是自家人"的乡村，让各种类型的人在乡村找到心灵归属感，提高乡村未来发展的人的支撑能力。二是对法人、社会组织的包容强化。即把乡村打造成包容各类法人主体（企业、社会组织）的平台。要推进各类所有制法人主体进乡村的进程，以更好地发现、发掘乡村的潜力和魅力；要推进乡村集体经济主体或者私营企业、工商户等主体与乡村外的主体建立更加紧密的产业链、资本链、供应链等联系，让乡村成为各类市场主体进得来、留得下、能赚钱、可成长的新舞台；建设新型对接包保机制、对接服务机制，要积极发挥学会、协会、商会等各类社会团体、工青妇有关社会组织、教科文卫等有关社会机构在汇聚人才、形成特色方面的积极作用，强化社会包容和特色包容。三是对外国人以及虚拟主体的包容强化。即把乡村打造成包容外国文化、虚拟文化，兼收并蓄发展的农业农村现代化新载体。要允许加入中国国籍的外国人具有农民身份，允许在中国生活较长时间、具有一定经济实力的外国人到农村进行创新创业，形成"不管中国人还是外国人，来了都是新村民"的包容氛围；要推动农业农村积极融入元宇宙等最新技术中，既要包容农村虚拟人，也要让农业农村更好融入虚拟世界。

（三）农业新质生产力要强化三个多样性

一是农民发展多样性。这一多样性主要体现在个体诉求、个体能力以及由此形成的路径多样性上。要用技术、制度让农村居民发展途径多样化，形成"八仙过海、各显其能"的局面。要推动农村居民"走出去"，到城市、到省外、到国外学习技能，拓展经验。要构建能够赋予农村居民愿意"走出去"探索多样性发展的激励补助机制。二是农业生物多样性。农业的生物多样性一直以来颇受关注，农业农村现代化进程需要更加努力探寻现代化大农业、未来农业等所需要的生物多样性共生以及共同发展的生态系统。同时，还需要研究和探索生物多样性框架下的农业发展，让农业农村成为保护生物多样性的重要领域和平台。要着力加强不同物种之间相关作用机制的研究、开发和应用。三是农村村落多样性。农村方面主要体现在村落多样性及其村落文化内涵的多样性方面。当前的农业农村发展要着力于破解"千村一面"的问题，要努力让每个村落有自己的特色文化系统、特色文化标识，要加强创意融入，打造更加宜居智慧城市，努力谋划和推进形成类似"万村万象"的工程项目，每个村都给人留下不同印象，每个村都是独立的生命体。

（四）农业新质生产力要强化三个安全性

一是基于数据信息应用的预警应急体系。农业农村现代化与传统农业农村发展的关键差别，就是基于数据信息应用的预警应急体系。在未来发展中，这一体系要以数字乡村为依托，既要包括气候气象、农资以及农产品需求及价格等方面的预警和应急，又要包括农业农村能源、农村社会民生、涉农腐败治理等领域的预警应急，还要围绕科技进步不断推动预警应急体系升级。不断推进各类技术在乡村的集成，构筑完善的预警应急体系，确保农业农村领域安全发展。二是数字和农民融合的安全共担体系。农业农村现代化的安全发展需要不断强化共同担当负责的机制，党政军民学、工青妇会商各类机构和农村居民要共同构筑农业农村现代化的安全担当体系，要在信息化推进的基础上，逐步探索基于农民个体人的安全共担协作机制，通过安全共担方面的积分制等手段，强化农民个体人在农业农村安全发展方面的责任和义务。要推进面向农业农村安全发展的慈善捐赠系统建设，让更多资源参与到安全共担体系中。三是数字和农村融合的安全治理体系。农业农村现代化的安全发展，需要加强治理体系建设，用现代治理思维和治理方式，提升农业农村领域各项工作的稳妥推进和安全运行。要努力在各个相关领域分层次建立起农业农村安全发展的法律、法规、方案、细则，并将不同要素与有关数据信息平台要素相对应，且根据实际需要不断调整完善。要不断强化和发展对农业农村安全发展的检查监管督导巡视新形式，让治理成为安全发展的重要保障。

第三节　建构农业新质生产力场景

探索农业新质生产力，还要注意生产力发展场景的差别。要基于农业新质生产力特征，促进新质生产力与"三生"空间更好融合，全面构建起基础设施场景、产业繁荣场景、富裕生活场景和特色乡风场景。

一、新质生产力要融入"三生"空间 [①]

新质生产力赋能生产空间要把握引领性。新质生产力依托于生产要素的高效组合，即以前沿技术引领劳动、资本、土地、数据等要素在生产空间进行组合，通过智能化和数字化等前沿技术和未来技术进行迭代升级，高效整合物质要素与非物质要素，推动要素组合方式根

[①]　赵光远、李平：《论新质生产力与"三生"空间融合》，《新经济》2024年第5期。

据客观条件变化而进行主动调整或优化，实现生产效率的稳定提升和持续提升，进而形成持续生产能力，从而以新的产品或服务不断影响生活空间、生态空间的形态变化，不断激发人的好奇心和创造力。同时，新质生产力对各类要素的组合，还将突破传统生产要素之间相互割裂边界，强调组合前的模拟实验、要素间的跨界协同、产业链的纵深发展、供应链的即时优化，通过整合各领域最优资源，构建开放式的创新体系，使新质生产力能够不断提升整体运转效能和系统性能，突出创新极化、服务极化、开放极化等多元且协同的增长极，从不同属性上不断强化其"强引领"的作用，为"三生"空间的高质量发展注入强大的动力。

新质生产力赋能生活空间要把握体验性。加快发展新质生产力，在生产空间层面强化"高科技"、突出"强引领"的基础上，还要强化高水平物质生产能力向高水平生活体验的"高效能"转化。以丰富的新产品和新创意满足人们美好生活需要，以收入的高增长和保障的高品质来满足人们的实际体验感。着力把握新质生产力发展与生活方式转变的内在联系。新质生产力推动和引领生活方式的转变，同时生活方式的改变也促进新质生产力的加快发展。新质生产力赋能生活空间的核心特征，简而言之是"强体验"——强化现实空间和孪生空间的交互、强化物质空间和精神空间的互动、强化个人空间和群体空间的统一、强化当前空间和未来空间的衔接。具体而言就是要兼顾新产品和新创意对于生活空间的改造能力，引导人民群众以积极的态度、主动的精神和活跃的参与，来影响人类社会的创新能力提升和思维方式转变。新质生产力将通过对人的日常行为方式的影响（包括个人行为对生活空间的反馈），进而影响人在生产空间、生态空间的所有行为，为经济社会高质量发展注入源源不断的活力。

新质生产力赋能生态空间要把握增韧性。新质生产力本身就是绿色生产力，不断采用和提升绿色技术是其重要内容，这些内容不仅是在改造生产空间和生活空间，更是在打造新的生态空间。不论是从历史的逻辑看，还是从现实的需要看，或者从未来的需求看，新质生产力赋能生态空间的核心特征都将是"强韧性"——包括气候韧性、生态韧性、产业韧性、社会韧性等，关键就是把新质生产力分解为人的因素和物的因素，让人的因素通过能力提升以及思想进步等能够更加自觉地去认识和提升发展韧性，让物的因素通过技术进步和资源配置，能够更有能力地去实现和保障发展韧性，通过人的因素与物的因素在时间、空间方面的共同作用，进而打造出新类型的生态空间，而非原来意义的自然生态空间。当然，从近期看，还是要以自然生态空间的生产力需求为主进行突破，即从强化应对气候变化、应对环境破坏等方面着手，开展相应技术预见，深入研究生态空间的发展趋势和经济社会发展对生态空间的相应需求——包括但不限于协同推进降碳、减污、扩绿、增长等目标，统筹推进流域治理、能源革命、人居环境等领域创新，共同构建绿色可持续的"三生"空间，全面提升经济社会发展韧性。

新质生产力融入"三生"空间关键是突出。人既是物质财富的创造者，也是社会关系的生产者，是"三生"空间得以存在和发展的唯一主体。在培育壮大新质生产力的背景下，人更多的是通过参与信息生产和消费来组织生产活动，研产销用一体化特征将逐步呈现，这将意味着新质生产力下的各种生产和消费活动都将实现与人的内在关联，同时也将促成"三生"空间的扩展和融合。因此，新质生产力赋能"三生"空间的关键，要"突出人"，即把新质生产力的核心作用节点搞清楚。必须看到，新质生产力从表现形式上形成产品作用于物，但从核心机制上看则要形成人的动能，推动社会韧性提升和整体升级。目前，亟须探索新质生产力通过人作用于"三生"空间与通过物作用于"三生"空间的差异，把"社会人"和"要素人"区分开来，努力实现"社会人"和"要素人"的统一，才能形成新质生产力赋能"三生"

空间，彻底改变发展模式的新路径。

二、构建农业新质生产力场景要强化共同体属性 [①]

构建新质生产力场景的问题，也是新质生产力赋能"三生"空间的问题，归根结底是依托新质生产力共筑人与自然命运共同体的问题。只有立足于未来场景搭建，才能让新质生产力与空间发展更好地结合起来。

统筹"现实空间 + 孪生空间"。培育壮大新质生产力的时代，将是数字技术拓展应用、深度融合和无尽赋能的时代，现实空间与孪生空间的互动互促功能将发生根本性变革，现实空间将更多地实现人类所需的感受和体验，而孪生空间将更多地实现对人类未来行为的预判和反映。孪生空间是自然地理空间、人文社会空间和信息地理空间在虚拟空间的映射与整合，能够通过全域全要素立体感知与数据传输，在数字空间中分析自然资源、生态环境、基础设施、产业和人口等多种要素的交互作用，并将结果反馈于物理空间（现实空间），以支撑决策者对于生产空间、生活空间和生态空间的优化和管控，真正实现"三生"空间的总体功能大于部分功能之和的协同效应。同时，从现实看，也已经迈入了"现实空间 + 孪生空间"促进经济社会发展的门槛。这就不断加大人工智能技术的开发和应用，统筹"现实空间 + 孪生空间"，通过以实映虚和以虚控实双向的虚实交互，真正做到现实空间和孪生空间的差异联动和即时交互，在尽最大可能增强新质生产力赋能"三生"空间有效性的同时，尽量避免新质生产力应用带来的不确定性。

着眼"三生"空间不断升级。培育壮大新质生产力的时代，区域之间的远程耦合产生了一系列跨区域、多尺度的协作模式，这也将推

---

① 赵光远、李平：《论新质生产力与"三生"空间融合》，《新经济》2024 年第 5 期。

动人类社会"三生"空间加速升级、拓展边界和有机联动。这就要必须着眼"三生"空间升级来加速新质生产力的赋能进程，即加速探索新质生产力发展壮大过程中的生产空间形态、生活空间形态和生态空间形态，促进三者基于人的根本需要和技术进步的可能，相向地拓展边界，不断地加速融合。如发展新质生产力，推动生产空间内产业结构升级以及技术创新，降低对生态空间的扰动，通过技术外溢对生态空间实施保护与修复。例如应用新质生产力全方位改进生产场景，实现生产空间绿色化、无噪化、综合化、生活化等进程，强化生产空间对生活空间和生态空间的正向促进。也可以应用新质生产力全方位改进生活场景，坚持以人为本的原则，实现生活空间办公化、生态化、远程生产化等进程，提升人的幸福感和获得感。因此，要加速开发、利用相关技术，着眼于"三生"空间升级这一目的，强化新质生产力的赋能水平。

确保"三生"空间平衡发展。培育壮大新质生产力的过程，也是"三生"空间均衡发展、同步提升的进程，要着力避免出现历史上和当前存在的技术升级和三个空间融合具有时代差、空间差等问题。如果没有相应举措，而仍然致力于"三生"空间自生地、错位地发展，"三生"空间之间的关系在新质生产力的作用下可能会是割裂的、孤立的，并将影响培育壮大新质生产力之目的。不仅要从生产空间是否集约高效、生活空间是否宜居适度、生态空间是否山清水秀等维度构建"三生"空间发展质量评价体系，更要从"三生"空间的成长性、平衡性等方面做出综合评价。为促进"三生"空间平衡发展，还要明确近期、中期、远期不同的工作重点。近期内要着力于"信心赛过黄金"，全力提高对"三生"空间平衡发展之信心，全面提升对"三生"空间平衡发展之认识，围绕人民群众的最迫切需要补齐"三生"空间的发展短板；中期要着力于"三生"空间的系统性和平衡性，围绕人民群众的综合发展需要，把握新质生产力和新型生产关系变化，确立有利于"三生"

空间平衡发展的新模式；远期要着力于人与自然命运共同体的建设，通过不断深化改革等举措，强化人民群众运用新质生产力改造"三生"空间的内生性和自觉性，着力形成以人为中心促进"三生"空间平衡发展的新体系。

三、构建农业新质生产力四大场景

构建基础设施场景。基础设施是农业农村现代化的基础条件，历史的实践经验已经证明，基础设施是解放和发展生产力的重要力量，"要想富，先修路""农村没有路，致富有难度"已经成为脱贫攻坚、乡村振兴和进一步加快发展的共识。在我国启动新基建工程建设的背景下，推动信息基础设施、创新基础设施与融合基础设施建设，并与乡村发展实际需求相结合，让数字这个农业农村领域的新要素更好地发挥作用，是构建未来几十年加速迈进共同富裕之路的重要支撑条件。一是构建乡村信息基础设施体系。未来一段时间里，应立足于乡村中长期发展，着眼于老龄化、双循环、农村双创、农村减碳、村镇合并改革等重点领域相应布局乡村信息基础设施体系，形成县是中枢、镇是节点、乡是站点、村是终端的乡村信息基础设施网络，推动农村地区信息网络达到全覆盖并加快网络升级进程，把信息基础设施网络打造成农业农村现代化和乡村振兴的重要基石与基础平台。二是构建乡村创新基础设施体系。当前围绕乡村创新发展，基于乡村特色方向，布局粮农、生态、应对气候变化等方向的创新基础设施尤为必要。未来要推动打造一批劳动密集型的涉农关键技术研发机构，推动打造一批区域特色性的创业支撑平台，推动打造一批全体农村居民可以全员参与的创新基础设施网络，让创新基础设施和农村居民、乡村市场主体实现融合互动共生发展，着力打造出具有生命力的乡村创新命运共同体。三是构建乡村融合基础设施体系，要着眼未来乡村场景建设，从区域乡村特色出发进行谋划、规划和建设，加快乡村融合基础设施体系建设。未来一段时间需要从城郊乡镇、重点乡镇起步，加快推进6G示范镇、5G示范村建设，围绕交通骨干网络、能源储备站点、粮食储备基地等先行开展相关建设，围绕民族民俗开启智慧文化、智慧餐饮建设，要紧密跟踪国内外融合基础设施发展最新态势，勇于先行先试，及时开启新领域的融合基础设施。

构建产业繁荣场景。产业繁荣是农业农村现代化的支撑力量。在我国大力推动乡村振兴的背景下，应充分认识到，产业繁荣不是规划出来的，而是实践出来的；产业繁荣不是资金堆出来的，而是市场运营出来的；产业繁荣不是企业繁荣，而是产业链、产业集群富有活力。至少从当前看，因地制宜开展特色化、解放思想推进市场化、标准提升推进品牌化，成为构建产业繁荣场景、提升农业经营人能力的关键要素。一是要因地制宜特色化。特色化产业不是特色化产品，而是基于特色组织模式、特色文化融入等而打造出来的、不是只以自然资源为支撑的产业集群。农业农村现代化需要形成特色化路径、特色化模式和特色化的组织形态，需要把目光放在全国全球更广域的市场范围里去寻求产业的突破点。本地自然资源产品（谷物、蔬果、食用菌等）要量质并重，提高附加值、提高特色化，还要做好自然资源产品的种质、生态保护；非本地自然资源产品要加大发展力度，把全国全球的特色粮农产品"引进来"，加工成具有特色的产品，形成外向型特色化农产品加工集群。二是要解放思想市场化。市场化是产业繁荣的路径，但是产业的市场化不是产品的市场化，不是建几个专业化市场或者网上交易平台就能解决的事情，而是基于市场规律、市场思维不断拓宽视野、拓展思路、综合运营的过程。要在解放企业家思想、树立市场化思维方面下功夫。要建立常态化机制，推动更多的市场主体及其核心人员沿着"一带一路"走向全球、遵循"双循环"新发展格局走向全国。要推动城乡市场主体融合发展、联盟发展，共同营造更高层次的产业市场化发展氛围。三是要标准提升品牌化。品牌化是产业繁荣的表现，但是产业品牌不同于产品品牌，产业品牌可以统领多个产品品牌。一流标准是形成品牌的基础，农业农村现代化一定要立足于全球顶级的标准推动品牌建设，要力争企业标准就是全球最高标准的方式培育出企业、产品、农业企业集群。立足于标准的实现推动涉农科技创新工作，推动"为了科技项目结项而申请制定标准"向"为了更高标准进行科技创新"转变。加强标准的市场化应用和高标准产品的市场化推广，让标准和品牌更加有机地结合起来，为产业繁荣的提升发挥更大的助力。

构建富裕生活场景。生活场景是农业农村现代化的必然要求和必要部分。只有设定了富裕生活的基本场景，面向共同富裕的路径才能清晰，各项目标才能逐步实现。构建富裕生活场景要从人出发，要研究好未来农村居住的人是谁，才能有针对性地进行推进。从发展趋势看，未来很长一段时间，要从乡村原生老龄群体、返乡入乡创业群体、享受乡村生活群体三个方面统筹构建富裕生活场景，让农村治理人综合能力得到提升。一是要构建乡村原生老龄人口生活场景。未来一段时间是乡村原生居民年龄不断增大的时期，围绕老龄化构建生活场景不可或缺，每一个乡村都需要一个专门、特色地展现老龄人口生活的平台，创建乡村老年社团等。要提升医疗卫生养老等公共服务水平，让老龄人口生活场景有所保障。要搭建老龄人口与亲属之间的远程、实景互动平台，让老有所依更加智慧化。要把老年人的记忆、工艺等更好地继承下来。要提升老龄人群参与乡村治理的能力和水平，发挥乡贤村老关键作用。支持和引导部分地区围绕民俗文化打造一批乡村老龄人口生活示范场景。二是要构建返乡入乡创业生活场景。返乡入乡创业群体是未来乡村经济的重要支撑，要为返乡入乡创业人员打造"净、静、敬、劲"的"四 JING"生活场景，倾力留住这些人的魂。主动服务，着力用干净的环境、干净的空气塑造最净洁的生活场景；独立空间，着力打造安静、心静的生活环境，静下心来更好地规划自己的事业；尊重创新，打造敬创敬才的生活环境，强化具有创业精神感受的生活环境；面向未来，着力打造强劲有为的生活环境，让返乡入乡创业者随时都能感受到乡村生活的强劲有力。三是要构建享受乡村休闲生活场景。到乡村享受休闲生活的城里人，未来也是乡村人群的重要组成部分，要围绕这个群体的需求，在信息智能、文化体育、健康养生、特色休闲等方面加强配套设施建设，广泛借鉴其他省市甚至国外休闲农庄的实景，模拟、设计、实施一批致力于长远发展的乡村休闲生活场景项目，引进发达省区的经营模式、设计理念和运营方式。要切实体会"休闲"内涵，形成有文化、有景致、有格调、有闲情、有特色、有健康的"六有"乡村休闲生活特色场景。

构建特色乡风场景。农业农村现代化需要有特色的乡风文明来孕育乡村特色，并"赓续传承农耕文明，促进传统农耕文化与现代文明融合发展，让乡村文明展现出独特魅力和时代风采"。从中长期看需着力形成生态优先、健康重礼、民俗特色、集成创新的新乡风，让农民展现出时代风采。一是建设生态优先新乡风。把生态优先新乡风作为农业农村现代化与"碳减排"、人民群众健康需要、农业农村发展趋势等相融合的产物予以推进，要推动生态优先成为农村居民生产生活考虑的第一要素、农村居民生产生活的第一要务、乡村建设规划和乡村发展规划的第一原则、考核乡镇村级干部的第一指标、农业农村产品定价的第一依据、未来生活方式的第一要件、未来乡村记忆的第一表达。二是建设健康重礼新乡风。健康重礼新乡风是物质文明和精神文明互为促进作用的结果，要推动农村居民彬彬有礼、农村面貌富而好礼，要坚持"病去如抽丝""稳中求进"等原则，制定乡风文明中长期规划，树立健康社会风尚和新型乡村礼仪；强化典型示范在树立健康重礼新乡风中的作用，把乡风、家风建设水平与信用体系有机结合，让乡村群众在乡风建设中得到实惠；促进国内文明建设成果与地方相关乡风文明建设紧密结合，努力打造出新时代独特的健康重礼型新乡风。三是建设民俗特色新乡风。民俗特色新乡风是农业农村现代化与民族民俗工作的动态结合，是少数民族、特色民俗风采的彰显。建设民俗特色新乡风不是打造几个少数民族特色民宿、特色景点，而是去芜存精、因理选材、融入时代，促进民俗和民族文化得到更高水平的发展，既要推动特色民族民俗文化与乡村发展结合起来，又要推动民族民俗文化随着时代发展进行自我升级，还要把握好特色文化的民族性、区域性、国际性之间的关系，保护好民族民俗特色文化的主权，提升民族民俗文化国际影响力。四是要建设继承创新新乡风。继承创新新乡风是坚持"艰苦朴素"永葆"创新精神"的重要展现，是乡村建设区别于城市建设的重要标志。加强"继承创新"新乡风建设，就是要强化农村居民牢记"共同富裕"的使命，形成自立自强的农业农村现代化新模式；要谋建乡风景观，让乡风既是记忆、乡愁，又是现实、乡景；要支持乡风建设在马克思主义指导下不断推陈出新，形成一批具有示范意义的乡风文明创新典型；要尊重人民群众在乡村文明、乡风建设中的主体能动作用和融合创新作用，推动传统的乡风文明形式转化为符合时代需要的新形式。

第四节　培育农业新质生产力主体

人类社会历史发展过程中最革命的因素是生产力，在生产力发展过程中最活跃的力量是劳动者，而推动劳动者进行生产实践活动的动力源与其内在的各种需要息息相关。可以说，从事物质生产实践的人始终是推动社会历史发展的重要主体，所以调动或者说培育新质生产力主体动力源的立足点与着眼点在于明晰和把握劳动者的需要所在，从需要的现实性出发调动劳动者的生产积极性。在此基础上，认为新质生产力的主体是人民，农业新质生产力的主体也是人民，新质生产力就是人民之力，就是以人民为中心的融合之力，要充分发挥知识力量、数字力量和文化力量，让农业新质生产力活跃起来，让农业新质生产力的主体活跃起来。

一、新质生产力是人民之力

新质生产力是创新起主导作用，摆脱传统经济增长方式、生产力发展路径的全新生产力形态。它具有高科技、高效能、高质量的特征，完全符合新发展理念。新质生产力代表着先进生产力的演进方向，是科技创新和经济发展的紧密结合，对推动现代化产业体系建设、实现经济高质量发展具有重要作用，它是马克思主义生产力理论的中国创新和实践，也是科技创新交叉融合突破所产生的根本性成果。从内涵看，新质生产力是由技术革命性突破所催生的，这种突破带来了全新的生产方式和经济增长点；是生产要素创新性配置以提高全要素生产率，实现经济的高效增长；是产业的深度转型升级引领传统产业向更高技术、更高效能、更高质量的方向发展；是以劳动者、劳动资料、劳动对象的优化组合为基础的生产力综合性跃升；是强调以创新为核心驱动力以及人民群众为根本力量的生产力质态。

人民群众在推动新质生产力发展中具有核心作用。一方面，人民群众是历史的创造者，是推动社会进步的决定性力量，在农业、工业、服务业等各个领域，人民的创造力、积极性和创新精神是推动新质生产力发展的重要源泉。通过人民的辛勤劳动和不懈奋斗，新的生产方式、新的管理模式、新的科技应用不断涌现，为经济社会发展注入了新的活力。另一方面，人民群众的首创精神是新质生产力的重要源泉。实践证明，只有尊重人民的选择和意愿，激发人民的积极性和创造力，为人民提供更多的创新机会和平台，鼓励人民参与创新实践，创新成果才能更多更好更公平地惠及全体人民。

为此，可以说新质生产力是人民之力，也是国家之力。新质生产力不仅代表着先进的科技水平和高效的生产方式，更体现了人民群众的智慧和国家的整体实力。首先，新质生产力是人民之力。在新质生产力的发展过程中，人民群众的智慧和创造力发挥着至关重要的作用。他们通过不断学习和实践，掌握先进的科技知识和生产技能，为推动新质生产力的发展提供了源源不断的动力。人民群众的需求和期望也是新质生产力发展的方向和目标，只有紧密结合人民群众的实际需求，新质生产力才能真正发挥其应有的价值和作用。同时，新质生产力更是国家之力。新质生产力作为一种先进的生产方式，不仅能够提高生产效率，降低生产成本，还能够推动产业升级和转型，从而增强国家的经济实力和国际竞争力。新质生产力的发展也需要国家的政策支持和资金投入，只有国家层面给予足够的重视和支持，新质生产力才能得到更好的发展环境和条件。在新时代背景下，应该充分认识新质生产力作为人民之力、国家之力的重要性。

在此基础上，基于人、粮食和黑土地的系统发展、融合发展与可持续发展，就更有赖于新质生产力的发展。其一，新质生产力以其高效、环保、创新的特性，正逐步成为推动黑土地农业系统发展与可持续发展的关键力量。这种生产力不仅体现在先进的农业技术、智能化的农机装备方面，更体现在人民群众对农业生产方式的深刻理解和创新应用上。其二，新质生产力必须问计于民，基于农民在黑土地上的世代耕作和积累的丰富农耕经验，来强化与大自然和谐共生。正是这些来自民间的智慧，为新质生产力的发展提供了源源不断的创新思路和实践经验。同时，随着农业科技的普及，越来越多的农民开始掌握现代农业技术，成为推动新质生产力发展的重要力量。其三，新质生产力必然会影响政策方向，政府部门通过制定相关政策，提供资金支持，为新质生产力的发展创造了良好的外部环境。例如，加大对农业科技创新的投入，推广先进的农业技术和管理经验，加强农业基础设施建设等。这些举措不仅提高了农业生产效率，还促进了农业与生态环境的和谐发展。

二、人民之力就是融合之力

人民群众是黑土地上深度融合发展的主体。在黑土地上推动深度融合发展过程中，人民群众不仅是参与者，更是推动者和受益者。首先，人民群众是黑土地的主人，他们世世代代在这片土地上辛勤劳作，积累了丰富的农耕经验和深厚的土地情感。他们对黑土地的了解和热爱，使得他们成为推动黑土地上深度融合发展的最可靠力量。其次，人民群众的智慧和创造力是推动黑土地上深度融合发展的关键。人民群众在实践中不断探索和创新，为黑土地的农业发展提供了源源不断的动力。他们的经验和建议，往往能够更加贴近实际、更具可操作性，对于推动黑土地上的深度融合发展具有重要意义。此外，人民群众还是黑土地上深度融合发展成果的受益者。通过深度融合发展，黑土地的农业生产力将得到提升，农产品质量和产量将得到增加，这将直接带动人民群众的收入增长和生活水平提高。同时，深度融合发展还将促进农村经济的多元化发展，为人民群众提供更多就业机会和创业机会。因此，在推动黑土地上深度融合发展的过程中，必须充分发挥人民群众的主体作用，尊重他们的首创精神，激发他们的积极性和创造力。同时，政府和社会各界也应该给予人民群众更多的支持和帮助，为他们提供更好的发展环境和条件，共同推动黑土地上的深度融合发展。

人民群众的智慧和创造力是推动黑土地区域经济社会深度融合发展的关键，黑土地区域的经济社会深度融合发展，离不开人民群众的积极参与和贡献。首先，人民群众的智慧为黑土地区域的经济社会发展提供了宝贵的思路和方法。在长期的生产和生活中，人民群众积累了丰富的经验和知识，他们深知黑土地的特点和优势，也了解当地经济社会发展的需求和挑战。因此，他们能够提出切实可行的建议和方案，为政府决策提供参考，推动经济社会发展的科学化和民主化。其次，人民群众的创造力是推动黑土地区域经济社会深度融合发展的重要动力。在经济社会发展的过程中，人民群众能够灵活运用自己的经验和技能，创造出新的生产方式和经营模式，提高生产效率和经济效益。同时，他们还能够发掘和利用当地资源，开发出具有地方特色的产品和服务，增强区域经济的竞争力和可持续发展的能力。最后，人民群众的积极参与和贡献是黑土地区域经济社会深度融合发展的基础。人民群众是经济社会发展的主体，他们的积极性和参与度直接影响着发展的速度及质量。在黑土地区域经济社会深度融合发展中，人民群众通过自身的努力和奋斗，为区域发展贡献了力量，也分享了发展的成果。因此，必须充分认识到人民群众的智慧和创造力在推动黑土地区域经济社会深度融合发展中的关键作用。政府和社会各界应该积极搭建平台、创造条件，激发人民群众的积极性和创造力，共同推动黑土地区域经济社会深度融合发展。同时，还要加强教育和培训，提高人民群众的文化素质和技能水平，为他们的智慧和创造力的发挥提供更好的基础和支持。

三、三大力量壮大人民之力

知识力量、数字力量和文化力量正在支撑"黑土粮仓"建设中人民力量的不断壮大，并呈现出深度融合、深度赋能、深度驱动的态势，让人民之力——新质生产力呈现出新的趋势。

知识力量壮大人民之力。众所周知，知识就是力量。东北地区人民群众重视教育、重视知识，在全国各区域中知识水平是居于前列的。随着时代的发展，在广袤的黑土地上，知识力量正在引领和壮大人民之力，为这片沃土注入源源不断的活力与发展动力。知识提升农业生产效率。随着农业科技的进步，黑土地上的农民开始接触并学习先进的农业知识。这些知识不仅帮助他们了解土壤改良、种子选育、病虫害防治等方面的科学方法，还提高了农作物的产量和质量。通过科学种田，农民实现了高效、环保、可持续的农业生产，从而提升了农业生产效率，为黑土地带来了更加丰富的收获。知识促进农村经济发展。随着农民知识水平的提升，他们开始尝试将农产品进行深加工，增加农产品的附加值。这不仅拓宽了农产品的销售渠道，还为农村经济发展注入了新的活力。同时，农民还利用电商平台等现代化手段，将农产品销往全国各地，甚至出口到海外市场，从而实现了农村经济的跨越式发展。知识推动乡村文化振兴。在知识的引领下，黑土地上的人们开始重视乡村文化的传承与发展。他们通过挖掘本地历史文化资源，举办各种文化活动，不仅丰富了乡村居民的精神文化生活，还吸引了众多游客前来观光旅游。这种文化的振兴不仅提升了乡村的知名度，还为乡村发展带来了新的契机。知识增强人们自我发展能力。知识的普及不仅提高了黑土地上人们的农业生产技能，还培养了他们的创新思维和创业能力。越来越多的农民开始尝试自主创业，发展特色产业，从而实现了自我价值的提升和生活水平的改善。这种自我发展能力的增强，为黑土地上的乡村振兴提供了有力的人才支撑。知识助力乡村治理现代化。随着农民知识水平的提高，他们开始更加积极地参与到乡村治理中来。通过民主选举、民主决策、民主管理等方式，农民共同为乡村发展出谋划策，推动了乡村治理的现代化进程。这种知识的力量不仅提升了乡村治理的效能，还增强了乡村社会的凝聚力和向心力。

　　数字力量壮大人民之力。数字技术的实践已经体现出巨大的、让人民群众发挥更大作用的特殊能力，主要体现为生产的决策力、流通的加速力、资源的整合力、网络的凝聚力等等。互联网、物联网等技术的应用，让农业生产、加工、销售等各环节的信息流通更加顺畅，让农业领域资源的优化配置更加高效。数字网络还为农民提供了更加便捷的信息获取渠道，帮助他们更好地了解市场动态和政策走向，做出更加明智的决策。如北大荒集团通过数字化技术赋能"土地、劳动力、资源、技术、数据"五大要素，在农业中的合理配置，提高了农业生产效率和产品质量。梨树县青堆子村凤凰山农机农民专业合作社利用"智慧农业"管理系统，实现了农田信息的实时监测和回传，从而做出更为精准的农业管理决策，不仅提高了生产效率，还有效减少了因未及时发现问题而造成的损失。依安县的黑土地数据监测——利用无人机遥感技术，完成了大面积的黑土地有机质、水分、盐碱化、沙漠化等关键指标的精确测定，为黑土地的保护和利用提供了科学依据，有助于实现农业的可持续发展。公主岭的无人农场统筹信息感知系统、智能农机装备等，实现了高效、精准的农业生产，提高了农业生产效率，降低了人力成本，同时也有助于减少化肥和农药的使用量，促进农业可持续发展。从这些案例看，数字赋能生产（农业生产正在变得更加智能化和精准化等）、数字赋能生活（提供了更加便捷的生活服务，让农村生活更加便利和丰富等）、数字赋能生态（推广生态友好的农业技术和管理模式等），是对黑土地上经济社会文化系统的综合赋能，必然会强化融合的力量，形成人民之力，进而推动新质生产力培育壮大以及进一步爆发增效。为此，需要加强数字基础设施建设，提高农村地区的网络覆盖率和数据传输速度；加强农民的数字技能培训，提高他们的数字素养和应用能力；鼓励和支持农业科技企业加大研发投入，推动数字技术与农业生产的深度融合，利用数字技术为黑土地上的综合发展注入新的活力。

文化力量壮大人民之力。在黑土地上，文化不仅仅是精神的滋养，更是经济社会发展的催化剂。深厚的黑土地文化底蕴促进了农业、旅游、教育等多领域的深度融合。从实践看，乡村"合作文化"是推动人、粮食和耕地融合发展的核心力量，这种文化激励着农户积极参与农田水利供给的合作，形成了共同的目标和价值观，促进了人与人之间的融合；合作文化引领农户共同努力改善农田水利设施，实现了资源的优化配置。这不仅提高了水资源的利用效率，还扩大了灌溉面积，为粮食增产创造了有利条件；合作文化使农户更加珍视和保护耕地资源，他们意识到只有保护好耕地，才能确保粮食的持续增产。而从文化的表现形式上看，传统的农耕文化、民间艺术、地方戏曲等正在与现代元素相融合，焕发出新的活力，一些地方通过举办黑土地文化节等活动，展示了黑土地文化的独特魅力，吸引了众多游客和投资者；黑龙江省在民族教育方面的投入和成果展示了对文化多样性的重视和保护，为黑土地文化增添了丰富的内涵和活力；梨树县利用"黑土地文化"助力乡村振兴，说明了在现代化进程中，地方文化不仅是经济发展的推手，也是增强社区凝聚力、促进可持续发展的重要资源；东北文化产业博览会等大型文化活动的成功举办，彰显了黑土地文化的吸引力和影响力，提升了黑土地文化的知名度和竞争力；黑土地文化也在积极探索数字化传播路径，通过网络平台、社交媒体等渠道，使得地方特色文化能够跨越地理界限，吸引更广泛的受众，增强了文化的传播力和影响力。还要看到，根植于"闯关东"等形成的闯创文化正孕育新生机，鼓励人们勇于探索、不断创新，许多年轻人回到家乡，利用自己的知识和技能，结合黑土地文化的特色，开创出了一条条新的发展道路。根植于"地大物博"的自然文化形成的共享文化正在创造机遇，通过共享农业资源、技术信息和市场渠道等，农民能够更好地应对市场变化，提高农业生产效率，还促进了城乡之间、地域之间的共享、交流与合作，为乡村振兴注入了新的活力。必须看到，黑土地上的文化确实处于一个持续的升级与发展的过程，这一进程体现了对传统文化的继承与创新，以及对现代文化需求的积极响应。黑土地上的文化发展态势积极向上，已经成为加速融合发展、夯实人民之力、培育壮大新质生产力的重要元素，必将催化深度融合、加速文化升级，推动着黑土地上的经济社会全面发展开创新局面。

　　以上三种力量围绕着人的活动不断重组融合，以文化力量为根基，以知识力量为动能，以数字力量为工具，共同作用于经济社会发展的各个领域，形成了强大的新质生产力。这种新质生产力不仅体现在技术创新和产品升级上，还体现在管理模式的革新、市场机制的完善以及社会治理能力的提升上，体现在对人的全面改造上。最终，这三种力量的深度融合必将驱动新质生产力的培育和壮大，极大地提升国家竞争力和人民福祉，推动社会实现更高质量、更有效率、更加公平、更可持续的发展。在黑土地上，这三种力量也必将顺应时代发展趋势，成为推动和加速"黑土粮仓"建设最为本质的力量。

第五节 明确农业新质生产力路径

农业作为国民经济的基础，"黑土粮仓"建设更需要明确农业新质生产力路径，以应对资源约束趋紧、环境压力加大、国际市场波动加剧等多重挑战。

一、着眼共同富裕千方百计提高农业效益

优化农业产业结构，提升价值链。提高农业效益，首先要从优化农业产业结构入手。这包括调整种植养殖结构，发展特色优势产业，推动农业向高效、优质、生态方向转变。通过引入先进技术和管理模式，提升农产品的品质和附加值，形成具有竞争力的农业品牌。同时，加强农产品加工、储藏、保鲜、物流等产后环节建设，延长农业产业链，提升价值链，实现农业增效、农民增收。

推动农业与二、三产业融合发展。三次产业深度融合，是提升农业效益的重要途径。通过发展农村电子商务、乡村旅游、休闲农业等新业态，拓宽农民增收渠道。利用互联网、大数据等现代信息技术，

构建农产品电商平台，减少中间环节，提高农产品流通效率。同时，依托乡村自然风光、民俗文化和农业资源，开发乡村旅游产品，吸引城市居民到乡村消费，带动农村经济发展。

强化农业科技支撑，提升生产效率。科技进步是提升农业效益的根本动力。要加大对农业科技的投入，推动生物技术、信息技术、智能装备等高新技术在农业领域的应用。通过培育高产、优质、抗逆性强的新品种，推广节水灌溉、测土配方施肥、病虫害绿色防控等先进实用技术，提高农业生产效率和资源利用率。同时，加强农业科技人才队伍建设，培养一批懂技术、善经营、会管理的新型职业农民，为农业高质量发展提供人才保障。

二、着眼国际市场千方百计降低农业成本

加强国际合作，优化资源配置。降低农业成本，需要充分利用国际市场和资源。通过加强与国际农业组织、跨国公司的合作，引进国外先进的农业技术、管理经验和资金，提升我国农业的国际竞争力。同时，积极参与国际农产品贸易，扩大农产品出口，优化农产品进口结构，利用国际市场调节国内农产品供需平衡，降低农业生产成本。

推进农业机械化、智能化发展，对标国际降成本。农业机械化、智能化是降低农业成本、提高生产效率的重要手段。要加大对农机购置补贴力度，推广适合我国国情的先进农机装备，提高农业机械化水平。同时，积极发展智能农业，利用物联网、大数据、人工智能等技术，实现农业生产过程的精准管理、智能决策和远程控制，降低人力成本，提高农业生产效率。

加强农业基础设施建设，提高抵御风险能力。完善的农业基础设施是降低农业成本的重要保障。要加强农田水利、农村道路、仓储物流等基础设施建设，提高农业生产的抗灾减灾能力。通过建设高标准农田，改善农田灌溉条件，提高土壤肥力，降低农业生产成本。同时，

加强农产品冷链物流体系建设，减少农产品在流通环节的损耗，提高农产品市场竞争力。

三、着眼稳中有进千方百计增强农业韧性

构建多元化食物供给体系。增强农业韧性，首先要确保食物供给的稳定性和多样性。要立足国内资源禀赋，优化农业生产布局，构建以粮食生产为基础、多元化食物供给为补充的农业生产体系。通过发展特色种植业、畜牧业、水产业等，丰富农产品种类，满足人民群众多样化的食物需求。同时，加强粮食安全战略储备，提高应对突发事件的能力。

加强农业生态环境保护，促进可持续发展。农业生态环境保护是增强农业韧性的重要基础。要坚持绿色发展理念，推进农业资源节约和循环利用，减少化肥农药使用量，推广有机肥、生物农药等绿色投入品。加强农业面源污染治理，保护耕地质量和水资源安全。通过实施退耕还林还草、水土保持等生态工程，改善农业生产环境，提高农业生态系统的稳定性和自我恢复能力。

完善农业保险制度，减轻自然灾害影响。自然灾害是影响农业稳定发展的重要因素。要完善农业保险制度，扩大保险覆盖面和保障范围，提高保险赔付标准和效率。通过政府补贴、商业保险等多种方式，引导农民积极参与农业保险，减轻自然灾害对农业生产的影响。同时，加强气象灾害预警和应急管理体系建设，提高农业灾害预防和应对能力。

四、着眼未来发展千方百计创新农业政策

深化土地制度改革。改革完善耕地占补平衡制度，各类耕地占用纳入统一管理，完善补充耕地质量验收机制，确保达到平衡标准。完善高标准农田建设、验收、管护机制。健全保障耕地用于种植基本农

作物管理体系。允许农户合法拥有的住房通过出租、入股、合作等方式盘活利用。有序推进农村集体经营性建设用地入市改革，健全土地增值收益分配机制。优化土地管理，健全同宏观政策和区域发展高效衔接的土地管理制度，优先保障主导产业、重大项目合理用地，使优势地区有更大发展空间。建立新增城镇建设用地指标配置同常住人口增加协调机制。探索国家集中垦造耕地定向用于特定项目和地区落实占补平衡机制。优化城市工商业土地利用，加快发展建设用地二级市场，推动土地混合开发利用、用途合理转换，盘活存量土地和低效用地。开展各类产业园区用地专项治理。制定工商业用地使用权延期和到期后续期政策。

加大财政金融支持力度。财政金融是支持农业发展的重要手段。要加大对农业的财政投入力度，优化财政支出结构，重点支持农业基础设施建设、农业科技研发推广、农业生态环境保护等领域。同时，创新金融产品和服务方式，引导金融机构加大对农业的支持力度。通过发展农业信贷担保、农业保险、农产品期货等金融工具，拓宽农业融资渠道，降低农业融资成本。

培育新型农业经营主体和服务主体。新型农业经营主体和服务主体是农业现代化的重要力量。要加大对家庭农场、农民合作社、农业社会化服务组织等新型农业经营主体和服务主体的培育力度。通过政策扶持、技术培训、市场开拓等方式，提高其经营管理水平和市场竞争力。同时，加强农业社会化服务体系建设，为农民提供产前、产中、产后全链条服务，降低农业生产成本，提高农业生产效率。

推动农业绿色发展转型。绿色发展是农业未来的发展方向。要制定和完善农业绿色发展政策体系，推动农业向绿色、低碳、循环方向转型。通过实施化肥农药减量增效行动、农业废弃物资源化利用行动等，减少农业面源污染和生态破坏。同时，加强农业生态产品价值实现机制研究，探索建立生态补偿机制和市场交易机制，激励农民保护生态环境、发展绿色农业。

五、着眼要素流动千方百计推动城乡融合

健全推进新型城镇化体制机制。构建产业升级、人口集聚、城镇发展良性互动机制。推行由常住地登记户口提供基本公共服务制度，推动符合条件的农业转移人口社会保险、住房保障、随迁子女义务教育等享有同迁入地户籍人口同等权利，加快农业转移人口市民化。保障进城落户农民合法土地权益，依法维护进城落户农民的土地承包权、宅基地使用权、集体收益分配权，探索建立自愿有偿退出的办法。坚持人民城市人民建、人民城市为人民。健全城市规划体系，引导大中小城市和小城镇协调发展、集约紧凑布局。深化城市建设、运营、治理体制改革，加快转变城市发展方式。推动形成超大特大城市智慧高效治理新体系，建立都市圈同城化发展体制机制。深化赋予特大镇同人口和经济规模相适应的经济社会管理权改革。建立可持续的城市更新模式和政策法规，加强地下综合管廊建设和老旧管线改造升级，深化城市安全韧性提升行动。

巩固和完善农村基本经营制度。有序推进第二轮土地承包到期后再延长三十年试点，深化承包地所有权、承包权、经营权分置改革，发展农业适度规模经营。完善农业经营体系，完善承包地经营权流转价格形成机制，促进农民合作经营，推动新型农业经营主体扶持政策同带动农户增收挂钩。健全便捷高效的农业社会化服务体系。发展新型农村集体经济，构建产权明晰、分配合理的运行机制，赋予农民更加充分的财产权益。

完善强农惠农富农支持制度。坚持农业农村优先发展，完善乡村振兴投入机制。壮大县域富民产业，构建多元化食物供给体系，培育乡村新产业新业态。优化农业补贴政策体系，发展多层次农业保险。完善覆盖农村人口的常态化防止返贫致贫机制，建立农村低收入人口

和欠发达地区分层分类帮扶制度。健全脱贫攻坚国家投入形成资产的长效管理机制。运用"千万工程"经验，健全推动乡村全面振兴长效机制。加快健全种粮农民收益保障机制，推动粮食等重要农产品价格保持在合理水平。统筹建立粮食产销区省际横向利益补偿机制，在主产区利益补偿上迈出实质步伐。统筹推进粮食购销和储备管理体制机制改革，建立监管新模式。健全粮食和食物节约长效机制。

小 结：人本的关系

在新质生产力培育和壮大的阶段，人、粮食和黑土地将呈现出围绕人的能力的新型关系，人的供给能力将代替人的需求能力成为三者关系的主线。人将用智慧、科学和技术，让粮食产量和质量同步提升，让黑土地的保护和开发并驾齐驱。

人与粮。就像中国社会主要矛盾转化为"人民日益增长的美好生活需要和不平衡不充分的发展之间的矛盾"一样，人与粮之间的关系也正在发生着重大变化，这也是提出"大农业观""大食物观"的重要背景。固然，人生产和消费粮食的关系依然存在，但是人如何生产更高质量的粮食、如何消费更高质量的粮食，将逐步演变为主要内容。可以说，从追求自身美好生活的人变成追求保障更多人实现美好生活的粮，人只能贡献更多的知识和智慧，才能让这一目标得以实现。

人与地。随着人粮关系的转变，也伴随着人类掌握的科学技术的增加，人与地的关系将在新质生产力下得到解决，就像低空经济发展能够解放一部分土地一样，新质生产力能够释放出更多的土地资源。而人本身伴随着新质生产力掌握得越来越多，也能在有限的土地上生产出更多的产品，楼宇农业、立体农业的出现和不断进步就是对这个结论的支撑。可以说，在人地关系之间，人本的特征也将更加鲜明，用人的智慧和知识将在未来解决曾经的人地矛盾。

粮与地。在人与粮、人与地的关系发生转化的情况下，粮与地的关系也在发生变化，不会再出现"向地要粮"或者"向粮要地"等现象，粮与地之间在人的智慧和知识的作用下，将呈现出协同发展能力，粮食轮作地轮休，生态耕地生态粮的情况将变成现实。总体来看，就是在新质生产力的作用下，农业生产完全进入到以智力代替体力、以孕养代替消耗的新阶段，粮与地实现了在更高维度上的自然发展。

王祝伟 摄

　　“黑土粮仓”的未来，就是农业现代化的实现。回顾近现代以来“黑土粮仓”形成过程中奋斗的关系、创新的关系、人本的关系等，都在实现农业现代化的进程中留下了浓墨重彩的痕迹。展望未来，这些关系融合到一起，让人在三者关系中发挥更大的作用，是孵化黑土地农业新未来、谱写农业现代化新篇章的关键所在。

第五章

未来：农业现代化新篇章

第一节　农业现代化具有客观规律性

　　农业现代化内涵非常丰富，是一个系统性、动态性的概念，会随着社会经济形势的变化而发生相应的变化。传统的观点认为，农业现代化是现代化进程在农业系统的反映，是"现代农业的形成、发展、转型和国际互动的前沿过程，是农业要素的创新、选择、传播和退出交替进行的复合过程，是追赶、达到和保持世界农业先进水平的国际竞争、国际分化和国家分层等；它包括从自给型农业向市场化农业、从市场化农业向知识型农业的两次转变、农业效率和农民收入的持续提高、农民福利和生活质量的持续改善、保持农产品供需平衡和国家粮食安全、国家农业地位和国际农业体系的变化等"。从实践看，农业现代化主要体现为生产率和生产效益的不断提升，农业科学技术、农业机械的不断推广和升级，农业生态环境的不断改善和优化。在2022年"中国式现代化"这一概念得以确立的背景下，农业现代化的概念也得到了丰富和发展，特别是中国的农业现代化则更具特殊性。

　　中国式现代化是发生在中国区域范围内的、与中国国情紧密结合的、具有中国特色的现代化。从内容上看，中国式现代化是社会主义的现代化，是赓续古老文明的现代化，是人口规模巨大的现代化，是追求共同富裕的现代化，是生产力和生产关系协调发展的现代化，是走和平发展道路、追求人类共同命运的现代化。中国式现代化道路是以马克思主义为指导的、以人民为中心的、以中华文明为基石的、以自立自强为遵循的、以开放融合共享发展为目的、以推动构建人类命运共同体，创造人类文明新形态为初心所向的特色现代化道路。现阶段推动中国式现代化的主要任务是经济高质量发展取得新突破，科技自立自强能力显著提升，构建新发展格局和建设现代化经济体系取得重大进展；改革开放迈出新步伐，国家治理体系和治理能力现代化深入推进，社会主义市场经济体制更加完善，更高水平开放型经济新体制基本形成；全过程人民民主制度化、规范化、程序化水平进一步提高，中国特色社会主义法治体系更加完善；人民精神文化生活更加丰富，中华民族凝聚力和中华文化影响力不断增强；居民收入增长和经济增长基本同步，劳动报酬提高与劳动生产率提高基本同步，基本公共服务均等化水平明显提升，多层次社会保障体系更加健全；城乡人居环境明显改善，美丽中国建设成效显著；国家安全更为巩固，建军一百年奋斗目标如期实现，平安中国建设扎实推进；中国国际地位和影响进一步提高，在全球治理中发挥更大作用。在中国式现代化的背景下，农业现代化与农村现代化密不可分，是全面建设社会主义现代化国家的重大任务，要将先进技术、现代装备、管理理念等引入农业，将基础设施和基本公共服务向农村延伸覆盖，提高农业生产效率、改善乡村面貌、提升农民生活品质，促进农业全面升级、农村全面进步、农民全面发展。

从农业现代化理论沿革看，舒尔茨认为将传统农业进行改造，变成现代化的农业才能促进发展中国家经济的快速增长。对于如何改造传统农业，舒尔茨认为关键是要引进新的现代农业生产要素以降低农业生产要素价格，实质即为实现技术变化。梅勒基于农业技术性质角度，提出了"梅勒农业发展三阶段理论"，认为农业发展阶段包含传统农业阶段、"低资本"技术阶段、"高资本"技术阶段的"三阶段"，这三阶段变化也是农业现代化进程的一种反映。韦茨提出了"韦茨农业发展三阶段理论"，将农业发展阶段划分为维持生存农业阶段、混合农业阶段、商品农业阶段的"三阶段"，则是从农业的商品化、市场化进程对农业现代化的解读。农业农村部软科学委员会课题组针对我国实际，提出了农业发展"三阶段"理论，即数量发展阶段、优化发展阶段、现代农业发展阶段，则是从农业发展的质量变化层面对农业现代化的解读，认为在现代农业发展阶段农产品供给多元化，以高资本集约、技术集约和信息集约为重点。路径依赖理论认为世界农业现代化的路径选择都显示出强烈的路径依赖特征，农业现代化的路径选择既要吸取以往优秀的内容，又要摆脱原有的路径依赖。可持续发展理论强调可持续农业应该成为现代农业的发展方向，要统筹增加粮食生产、促进农村发展、改善农村环境三个目标，实现农业现代化，必须遵循可持续发展的基本原则。

近年来，我国学者对农业现代化进行了系统的研究。如陆益龙（2018）认为农业现代化的本质是要通过农业变革，实现农业的生产效率和经济效益的提升。魏后凯（2019）认为农业农村现代化这一概念包括农村产业现代化、农村生态现代化、农村文化现代化、乡村治理现代化和农民生活现代化的有机整体。蒋永穆（2020）认为没有农业农村现代化，就没有整个国家的现代化，农业农村现代化还标志着"三农"工作进入新的发展时期。张红杰等（2023）认为，中国式农业农村现代化在不同体制条件下不断演进，其基本逻辑是在动力塑造中对个体与组织、政府与市场关系的深邃思考和不断调整，在新发展阶段，中国式农业农村现代化需要进一步考虑农业农村发展的主体动力、资源注入、市场联结等问题。孙贺、傅孝天（2021）认为农业现代化连接的是农村的生产力，农村现代化连接的是农村的生产关系，农业现代化与农村现代化在生产力与生产关系的交互作用规律支配下进行历史演进。杜志雄（2021）指出农业农村现代化是农业现代化与农村现代化的有机耦合，农业现代化是农村现代化的基础，农村现代化是农业现代化的依托。叶兴庆等（2021）把农业农村现代化的内涵特征概括为包括农业产业体系现代化、农业生产体系现代化、农业经营体系现代化、农村基础设施和公共服务现代化、农村居民思想观念和生活质量现代化、农村治理体系和治理能力现代化在内的"六化"特征。段潇然等（2023）认为农业农村现代化的主要特征是以坚持世界第一人口大国自立自强为根本要求，以不断完善农村土地制度为根基，以确保国家粮食安全为根本前提，以千方百计保护农民利益为中心，以实现城乡一体化与共同富裕为核心目标，以人与自然和谐共生可持续发展为理念。任常青（2022）认为坚持市场化改革方向，实现城乡融合发展，依靠科技推动现代化以及乡村建设和公共服务的扩展是中国式农业农村现代化的重要特征。

翟军亮等（2019）认为，农业农村现代发展未来路径应建立基于公共治理，以组织整合型模式为基础、以服务整合型模式为纽带、以价值整合型模式为导向的三位一体建构模式。党国英（2018）认为"建立健全城乡融合发展体制机制和政策体系，加快推进农业农村现代化"任务能否实现……需要国家一系列社会经济政策发生转变——农业技术进步模式转变、农地保护模式转变、城乡区划模式转变、城乡社会治理模式转变、土地产权变革等。彭超、刘合光（2020）认为，农业农村现代化所面临的问题，事关消费、技术、业态、成本、要素、制度、供需、基建、生态、民生等多个方面，未来应在顶层设计上转向城乡融合发展。高强、曾恒源（2020）认为，农业农村现代化是整个国家现代化的重要内容，需要在深刻认识国际国内形势、农村基础条件和主要发展任务的前提下，准确研判农业农村发展面临的问题与挑战，将农业农村现代化与乡村振兴战略同步推进，进一步确立系统集成改革和完善乡村法治保障等政策取向。卢昱嘉等（2022）指出面向新发展格局，中国农业农村现代化需要以畅通国内大循环、国内国际双循环相互促进为重点。孙德超等（2022）把农业农村现代化细分为"物"的现代化、"人"的现代化和治理现代化进行分析，指出在新型举国体制下迫切需要强化农业农村科技创新发展体系以推进"物"的现代化、完善农民素质结构体系以推进"人"的现代化、优化基层自主发展体系以推进治理现代化。陈明（2022）认为必须处理好农业农村现代化"交叠界面"上的若干重大问题，即解决农业现代化与农村现代化的"差速问题"。杨慧等（2022）通过对法国农业农村现代化的研究指出，中国当前需要加强农业基础设施建设、提升生产集约化水平，突出农村发展的"智慧"导向，完善农业生产合作社的组织发展模式，建立多元风险分散机制、拓展农业保险体系以及保育乡村价值。

总体而言，当前的农业现代化或者说农业农村现代化，是在"人民日益增长的美好生活需要和不平衡不充分的发展之间的矛盾"的背景下开启的，是在全面建成小康社会目标向迈入社会主义现代化国家新征程的过渡期推进的，是在国际政治经济格局演进不确定性日益增强的形势下进行的。主要共识有如下四个方面：其一，农业现代化是中国式现代化的有机组成部分，甚至是基础构成部分之一；其二，农业现代化与农村现代化是两者耦合或者融合发展的关系，是以人的全面现代化为基础的新型现代化过程；其三，农业现代化是生产力与生产关系互相作用且互为促进的过程，涉农科学技术应用和深化"三农"改革开放两者互为动力，缺一不可；其四，农业农村现代化的推进要注意与国情、区情、省情紧密结合，不能"一刀切"地推进，每个地方要有其特色。

第二节　借鉴国外农业现代化经验

发达国家推进农业农村现代化进程较长，而且在这一过程中内外部环境、经济社会以及科学技术发展都发生了显著变化。各国政府在这一进程中突出因地制宜、因时制宜、因业制宜，很多共性政策值得认真总结和借鉴参考。

一、发达国家农业现代化做法

一是强化法律保障。现当代发达国家农业农村现代化进程有一个共性特征，就是法律保障。美国、日本、澳大利亚等都通过法律法规对农业农村现代化进程进行约束、促进和保障，这是由农业的基本特征、基础地位和生产形式所决定的，也是由现代资本主义国家治理体系所决定的。从普遍情况看，农业的基本特征是回报率低，受气候变化影响较大，如果没有法律保障是不会有人愿意去投入的；农业的基础地位是国家存在的基础、国民生活的基础，如果没有法律保障，这种基础地位是不牢固的；农业的基本形式在资本主义国家是农场制，是私人所有制，没有法律保障，任凭资本无限购并，农业农村发展是混乱和无序的。同时，农业农村发展与工业城市相比，涉及生产要素多、技术范围广，没有法律保障，很多要素和技术是不可能向农业农村领域主动投入的。回到现实政策中，日本的"地区振兴五法"和《食品·农业·农村基本法》，美国的《农业调整法》《赠地学院法》《荒地法》《新地开垦法》《联邦土地管理法》《联邦农作物保险法》《农作物保险改革法》《农业贸易发展和援助法》，以及和现在实施的公平行动计划，新西兰《资源管理法》等等，从土地、人才、安全、生态、科技、市场等多个领域，国家、州等多个层级对农业农村发展进行了规范或者激励，也对资本投入行为进行了约束，成为发达资本主义国家农业农村现代化的根本保障。从历史发展看，这种强化法律保障、依靠法治推动的模式与这些发达资本主义国家近现代历史发展特别是生产力率先发展、现代化水平率先起步、公民意识率先觉醒、现代化法治体系率先成熟等是分不开的，这一点需要吉林省乃至全国在借鉴相关经验的时候予以特别考虑。从我国实践看，也已经借鉴法律保障这一工具，结合中国实际制定了《中华人民共和国乡村振兴促进法》《中华人民共和国农产品质量安全法》《中华人民共和国黑土地保护法》《中华人民共和国湿地保护法》《中华人民共和国种子法》《中华人民共和国食品安全法》《中华人民共和国反食品浪费法》等法律，构成了较为健全的法律体系，但是应该结合中国南北差异过大、东西差异过大等现实情况，进一步制定不同地区落实有关法律的规章制度以精准推进和严格落实，方能达到法律制定的初心和最佳效果。

二是强化社会组织作用。在现当代发达国家农业现代化过程中社会组织的作用是突出的，这些社会组织弥补了政府、企业和农户之间的机制性缺失和渠道性不足。如日本的"农协"，是日本政府通过《农业团体法》《农业协同组合法》《农业基本法》《农协合并助成法》等逐步确立的、在农村经济中具有领导地位的社会组织，如今，日本农协已成为本国第一大企业集团、第一大银行集团、第一大保险集团、第一大供销集团和第一大医疗集团，并为农业农村发展提供全面综合的服务，包括为农民提供产前、产中、产后全方位的服务，改善农村生产生活条件的服务，与政府关系密切的决策咨询和政策制定服务等，从制度到政策再到农业农村服务提供了全方位的社会服务。再如由美国农民自发组织创办的农业合作社，成为政府和农民之间沟通的纽带，在协助政府推广农业新技术、普及优良品种、共享科技信息、实行机械化作业方面起到了重要的沟通作用，同时还在经营领域为农民提供了切实可行的服务和技术支持，使农场单位面积产量增加，农民获得了更大的经济利润，除此之外还帮助农民得到政府的政策倾斜，如豁免待遇、税收优惠、信贷支持、保险服务等。此外，以色列的"基布兹""莫沙夫""莫沙瓦"三种社会组织方式分别创造着以色列农业总产值的32%、46%和22%，这三种体制长期并存且各有所长可以互补，使得以色列的农业非常发达，农民人均年收入1.8万美元。从历史发展看，包括农业合作组织、非营利机构等在内的农业农村社会组织建设，能够充分体现农业生产者的自治意识、农村市场经济的特殊规律，能够有效解决市场经济在农业领域和农村区域的失灵问题，在政府和农户间、企业和农户间建立有效的纽带，提高农户和农业生产者在市场上的话语权。从中国实践看，21世纪以来农业农村社会组织快速发展，截至2020年底，全国农业社会化服务组织数量超90万个，农业生产托管服务面积超16亿亩次，其中服务粮食作物面积超9亿亩次，服务带动小农户7000多万户。有关案例表明，合作社能够有效节省农资成本，一亩地可节省种子、肥料费用15元；能够有效节省人工成本，广泛采用机播方式，日均可完成40多亩。在未来发展中，我国要进一步强化法律对社会组织的规范作用、政策对社会组织的引导作用，也要进一步提升合作社等社会组织的规模、能级和标准化程度，为农业农村现代化提供更加巨大的助力。

　　三是突出市场主体功能。发达资本主义国家农业农村现代化尤其注重市场主体的培育和壮大，并依靠这些市场主体进行垄断或者拓展国内外市场。这是由资本主义民主制度以及资本控制下的市场经济所决定的。只有规模足够大才能将成本控制得足够低，只有规模足够大才能在世界市场上具有话语权，只有规模足够大才能形成垄断击败竞争对手。从2022年《财富》世界500强排行榜食品领域上榜的9个企业看，其中美国企业有ADM、邦吉、泰森食品、CHS公司，荷兰企业路易达孚集团、阿霍德德尔海兹集团；此外和农业相关的企业还有日本丸红株式会社，澳大利亚的伍尔沃斯、科尔斯迈尔等企业。此外从不参加世界500强排行的嘉吉、孟山都等企业也都是农业领域巨头，约翰迪尔、久保田在全世界农机领域占有重要位置。这些全球顶级企业通过技术壁垒、资本扩张、渠道控制手段，对全球农业产生至关重要的影响。有资料显示，ADM、邦吉、路易达孚、嘉吉四大粮商控制全球70%粮食市场，掌控着从农田到餐桌的全产业链，左右了全球70多亿人的日常生活，凭借其资本与经验的优势，在收储、物流、海运、金融、贸易等多领域形成对国际粮食贸易的垄断性控制，甚至有人说"只要你活着，就无法逃脱全球四大巨头"。从历史发展看，在资本主义世界从殖民资本主义到工业资本主义再到金融资本主义发展的过程中，其控制农业的手段也从直接掠夺转向间接掠夺，甚至让人感受不到的市场化掠夺，披着你情我愿的外衣而行间接掠夺之实，用种子、化肥、技术、贸易渠道以及金融保险等进行更加可怕的控制，表面上是市场经济手段，背后操纵的则是产业资本和金融资本。从实践看，中国也在推动中粮、中化等企业扩大规模、积极参与竞争，力争在全球农业、农贸、农资领域占据一席之地，如中化收购先正达就是一个明显的例证，同时中国也在大力推进新希望集团等农业企业发挥重要作用，2022年12月9日收盘后，A股上市公司中农牧饲渔板块总市值达到10851.15亿元、农药兽药板块总市值达到3870.23亿元、食品饮料板块总市值达到20127.97亿元、化肥行业板块总市值达到4563.50亿元，四个板块涉及上市公司255家，这些数据充分显示了中国在农业农村市场主体培育方面所进行的努力。总而言之，坚持特大型国有企业的主导地位，坚持激发市场和资本的活力，中国正在加速形成一种具有中国特色社会主义市场经济特征的农业农村主体培养模式。

四是突出绿色发展趋势。发达资本主义国家农业农村现代化进程特别注意绿色发展，并且不断宣扬绿色发展使之为农业农村现代化赋能。这不仅是法律框架下的要求，更是市场经济条件下用品质征服市场的要求，还是与这些国家其他战略相配合的手段。如美国作为农业技术最发达的国家，也一直致力于绿色农业发展，包括《自然资源保护和恢复法》等法律对美国土壤保护、限制用水和防止水资源污染以及控制农药等化学物质的使用量以保护自然资源进行了约束，此外还制定了一系列贸易标准对农业发展进行约束；日本的"造村"运动创造了良好宜居环境且不断"推动农业生产和农村生活环境综合治理，在提高农业生产率的同时，保证生活环境和定居环境的舒适性，建立有个性、有魅力的新农村"，并实施低碳村落示范支援项目；新西兰的《资源管理法》和国民的绿色发展意识也都值得学习和借鉴；欧盟

正在大力推动"绿色协议"下实施欧洲农业的环境改革，并指出到
2023 年环境和气候目标将主导欧盟共同农业政策，绿色农业将成为
27 个欧盟成员国的农民必须遵循的方向，具体包括将农药使用量减少
50%，化肥使用量至少减少 20%，以及 1/4 农业区转变为有机生产；
德国大力发展环境友好型农业，农业生产全过程坚持绿色、循环、生态，
采用轮作和间作、无抗饲养、限制单位面积畜禽饲养数量等举措，实
现了人与自然、人与人、人与社会的和谐共生，农业生态补偿体系十
分完善，涉及从有机化肥、有机农业病虫害防治，到生态农产品的加工、
运输各个方面。从历史发展看，绿色农业以及健康食品等，是生态环
境保护和追求生活品质的紧密融合，是全人类在生产力不断提升、知
识经验不断积累后的客观需要，是可持续发展、高质量发展的必然追
求，这是常态情况下的一种不可逆转的趋势。从中国实践看，《"十四五"
全国农业绿色发展规划》对中国农业进行了高度总结和全面部署；《中
国农业绿色发展报告 2021》显示，2020—2021 年中国农业克服世纪
疫情和极端天气等重大不利因素的影响，农业绿色转型成效明显，农
业绿色发展持续向好，农业绿色发展水平稳步提升，达到新高，全国
绿色食品原料标准化生产基地总面积超过 1.7 亿亩，为保障国家粮食
安全、生态安全和乡村振兴提供了重要基础支撑。这些措施都表明，
中国正在借鉴、吸收并形成具有中国特色的农业绿色发展政策体系、
技术体系、标准体系和发展模式。在国家带动下，吉林省在这些方面
也都取得了显著进展，并在黑土地保护等方面走在了全国前列。总而
言之，在未来发展中，吉林省乃至全国仍需要不断借鉴发达国家的经
验教训，把绿色发展放在突出位置，兼顾生产环境保护和绿色食品质
量，统筹农业技术进步和标准体系提升，为农业农村现代化提供更有
力量的支撑。

五是强化补贴机制支持。发达资本主义国家在农业农村现代化
进程中建立了一系列符合市场经济规则和世界贸易组织规则的补贴机

制，为保障农业农村发展提供了支持。如美国的财政补贴方式以"黄箱"政策为主，补贴比重超过了55%，通过销售贷款补贴、固定直接补贴、反周期补贴三种政策工具，对种植小麦、玉米、大米、棉花和油料的农场主提供收入补贴。农产品贸易(出口)补贴也占有重要地位，补贴范围覆盖了几乎所有主要农产品，水果、蔬菜、乳制品、食糖等农产品也被纳入了补贴和保护的范围，补贴主要集中在大农场主和主要农产品上，财政补贴占美国农民家庭收入的近1/4，有分析显示，未来美国农业补贴将进一步强化，补贴方式由以价格支持为主转向以收入支持为主，补贴环节逐渐由流通领域转向农业综合开发领域，补贴工具正在由"黄箱"政策向"绿箱"政策转变。除农业补贴外，美国还为农业生产提供税收减免支持，包括延期纳税、减税、免税等。欧盟也在不断减少价格支持补贴力度和转变农业直接补贴方式，并要求在环境保护、动物福利等方面达到一定标准，把挂钩的直接补贴改为脱钩的直接补贴，实现了由"黄箱"向"绿箱"政策的转变，还增加了对青年农民和小农户的补贴支持力度。日本农业补贴包括收入补贴、生产资料购置补贴和一般政府服务以及灾害补贴、农业保险补贴、贷款优惠等农业补贴政策，据世界贸易组织（WTO）公布的数据，日本对农业的补贴已经超过了农业的收入，农业补贴强度是世界最高的国家之一。从历史发展看，农业是经济韧性最弱的行业，是平均收益最低的行业，当然也是一个国家特别是大国最为基础的行业，从国家的角度看，稳住农业农民是最为基础的工作，这也就决定了农业农村领域需要有科学的、符合国际关系准则的补贴机制，发达国家开发出来的各种各样的财税补贴工具值得我国借鉴。从中国的实践看，也应该借助乡村振兴和建设农业强国的机遇，加快调整补贴方式，实施更加精准的补贴，包括但不限于将农业补贴从流通领域转向生产领域，统筹实施全过程、全要素补贴；将农业补贴从黄箱支持转为绿箱支持，提升绿色农业发展能力和农村可持续发展能力；将农业补贴从"普惠制"转向"差别制"，实现对农业农村领域更加精准有效的政策调控；加快农业补贴立法进程，完善农业补贴的法律制度，探索农村补贴的有关做法，强化省级法规的精准度，形成依法补贴的新兴模式。从吉林省看亦要如此。总而言之，就是要坚持在市场机制和贸易规则范围内不断创新补贴工具，让农业农村现代化进程更有活力、更有底气。

二、发达国家农业现代化经验

"研究我国农业农村现代化问题时，既要重视国际比较和国际经验借鉴，更要强调中国特色和自身竞争优势的培育，要避免由于轻视中国特色而导致对先行模式'照搬照抄'，以及对发达国家农业农村现代化'东施效颦'的问题。"这就需要因地制宜、因时制宜、因业制宜。

一是农业农村现代化要与经济社会发展水平相适应。发达资本主义国家在不同的历史阶段，不断调整农业农村相关法律和政策，不断适应整个资本主义市场经济发展的新趋势。从黑土地核心区域看，人均国内生产总值（以下简称人均GDP）在8000～9000美元，农业劳动生产率刚刚超过5000美元/人；而发达国家人均GDP都在39000美元以上，其农业劳动生产率平均为77000美元/人，是中国黑土地的15倍以上；黑土地上乡村人口占比仍超过30%，发达资本主义国家一般低于15%，很多国家低于10%，等等。为此，在黑土地上推进农业现代化必须清楚自己和发达国家的巨大差距，并根据这些差距，科学吸收其有关政策做法，才能达到最好效果。如需要看到发达国家的政策和做法，但更应该借鉴这些国家在人均GDP只有8000～10000美元那段时期的做法，或者借鉴当前人均GDP在8000～10000美元的有关国家或地区的做法，更应该借鉴这些国家乡村人口比重在30%左右时的做法，或者借鉴当前乡村人口比重在25%～30%的国家的相关做法。

二是农业农村现代化要与国情国史文化底蕴相适应。从发达资本主义国家的经验看，他们的农业农村现代化紧密地和自身实际相结合，如日本、以色列的精准农业、新西兰的绿色农业、荷兰的高附加值农业、美国、澳大利亚的大农场农业等等。在黑土地上推进农业农村现代化，要进一步分析东北文化、黑土地文化与农业农村现代化的融合问题，老龄化、少子化对农业农村现代化的影响问题，少数民族文化与农业农村现代化的互动问题，近现代农业文化遗产保护与农业农村现代化的结合问题，创新创业文化对农业农村现代化的带动问题，等等。只有坚持从实际出发，充分发挥国情国史文化的蕴养功能，把农业和乡村产业融合起来，物质文明和精神文明统一起来，乡村文化才能得到发扬，乡村活力才能得到激发，农业农村现代化建设才会更具生命力。

三是农业农村现代化要与人民群众需要期待相适应。农业农村现代化的重要目标是乡村振兴和共同富裕，根本目标是满足人民群众日益增长的对美好生活的期待。"人民生活更加幸福美好，居民人均可支配收入再上新台阶，中等收入群体比重明显提高，基本公共服务实现均等化，农村基本具备现代生活条件，社会保持长期稳定，人的全面发展、全体人民共同富裕取得更为明显的实质性进展"以及"广泛形成绿色生产生活方式"等目标，更是人民群众对美好生活的期待，都与农业农村现代化密切相关。黑土地上的黑龙江省、吉林省都是老龄化、少子化比较突出的地区，要结合实际明确人民群众的真实需要和合理期待，加强对人民群众需要期待的常态性调查，并围绕这些需要和期待出台制定政策、向国家争取政策、勇于探索和示范有关政策。特别是在实际调研和政策制定过程中，要把握好人民群众的范围，要统筹城乡和各区域人民群众的需要，要统筹各行业人民群众的需要，要统筹投资者、从业者、失业者、退休者等不同群体的需要，也要统筹农业企业、农产品加工业以及其他行业相关主体的需要。只有从战略层面和实施层面坚持好"系统观念"，才能让农业农村现代化为人民群众的生活提升和福祉增加做出更大的贡献。

四是农业农村现代化要与未来技术发展趋势相适应。科学技术是农业农村现代化的主要支撑和核心引领力量，农业农村现代化在路径选择方面一定要符合未来技术发展趋势。发达资本主义国家为了保持技术领先，一直致力于技术预测并通过预测结果影响全球的技术进步。多个知名咨询机构发布了未来技术发展趋势，如全球最大的专业技术组织 IEEE（电气电子工程师学会）发布了《IEEE 全球调研：科技在2023 年及未来的影响》指出，云计算、5G、元宇宙、电动汽车、工业物联网将成为影响 2023 年最重要的技术；Gartner 在《2023 年顶级战略技术趋势》报告中指出，数字免疫系统、应用可观测性、AI 信任、风险和安全管理、业云平台、平台工程、无线价值实现、超级应用、自适应人工智能、元宇宙、可持续的技术将成为重要的技术趋势；在农业科技方面，智慧设计育种、智慧农业和气候智能型农业将成为重要的方向。从技术发展特征看，促进服务精准化、过程生态化、联系紧密化、操作简易化已经成为关键，更智能、更高效、更生态、更安全已经得到科技界的共识。黑土地上推进农业农村现代化工作，必须站在这些技术趋势预测结果的基础之上，广泛融入与农业农村现代化相关联的智能技术、生物技术、生态技术、机械技术、卫生技术等，以全球技术最前沿为发展方向，同时也要谨防技术不确定性，逐步夯实基础，加快发展步伐，促进农业农村现代化进程加速。

五是农业农村现代化要与治理能力现代化有机结合。农业农村现代化需要治理能力现代化的支撑，这不仅仅是乡村治理能力现代化的支撑，也需要全社会治理能力现代化的支撑，只有这样才能形成城乡共同推进农业农村现代化的动力，才能形成各行各业参与和推进农业农村现代化的动力。发达资本主义国家工商业发达，农业农村人口较少，其全社会治理模式已经过近百年的发展并深入到农业农村各个方面，而且其社会组织在发展中发挥了重要的治理作用。而中国则具有显著差异，城乡二元结构较为显著，不同地区文化风俗和发展水平差异巨大，不可能用一套刚性的治理方式解决所有问题，这就需要赋权给省、市等基层部门更大的治理自由度，也更需要不同地区采用不同的法治、德治、自治组合来解决实际问题。除了上述问题外，还要注意确立与地方生产力水平相适应的治理能力现代化模式及路径，与地方人民群众知识素质水平相适应的治理能力现代化模式及路径，与特色民族文化、特色区域文化相适应的治理能力特色化水平，并在相关方面进行特色试点示范。总而言之，只有不断优化调整治理模式和路径，不断提升治理现代化水平，不断探索试验新做法新招法，农业现代化进程才能在生产力和生产关系协调的基础上快速前进。

第三节　让中国式现代化赋能农业

中国式现代化是发生在中国区域范围内的、与中国国情紧密结合的、具有中国特色的现代化。从内容上看，是人口规模巨大的现代化，是全体人民共同富裕的现代化，是物质文明和精神文明相协调的现代化，是人与自然和谐共生的现代化，是走和平发展道路的现代化。在中国式现代化实现过程中，能够从多个领域对"黑土粮仓"上的农业发展进行赋能。包括但不限于通过工业现代化、商业现代化、科技现代化及人的现代化四个维度的赋能。

一、工业现代化赋能农业发展

农业机械化与智能化。工业现代化为农业提供了强大的装备支持，最直观的体现便是农业机械化的普及与智能化的发展。在黑土地上，大型拖拉机、联合收割机、智能播种机等现代化农机具的广泛应用，极大地提高了农业生产效率，减轻了农民劳动强度。同时，物联网、大数据、人工智能等技术的融入，使得精准农业成为可能。通过智能传感器监测土壤湿度、养分含量及作物生长状况，实现水肥一体化管理，减少了资源浪费，提高了作物产量与品质。这种"智慧农业"模式，不仅提升了农业生产的科学性和精准性，也为黑土地的可持续利用提供了有力保障。

农产品加工业升级。工业现代化还促进了农产品加工业的转型升级。依托先进的加工技术和设备，黑土地上丰富的粮食、油料、果蔬等农产品得以深加工，延长了产业链，提高了附加值。例如，通过生物工程技术开发功能性食品、保健品，利用酶解技术生产高附加值饲料等，不仅丰富了市场供给，也增加了农民收入。此外，建立农产品加工园区，集聚上下游企业，形成产业集群效应，进一步推动了农业产业化的进程。

二、商业现代化赋能农业发展

电商平台与网络营销。商业现代化为黑土地农产品打开了更广阔的市场空间。随着互联网技术的普及，电商平台成为农产品销售的重要渠道。农民通过淘宝、京东、拼多多等电商平台，可以直接面向全国乃至全球消费者销售农产品，打破了地域限制，降低了交易成本。同时，网络营销手段的运用，如直播带货、短视频推广等，不仅提升了农产品的知名度和美誉度，还激发了消费者的购买欲望，促进了农产品的快速流通。

品牌建设与供应链管理。品牌是农业现代化的重要标志，也是提升农产品市场竞争力的关键。黑土地上的农产品以其绿色、健康、优质的特性，具有打造高端品牌的天然优势。通过品牌建设，可以整合区域资源，形成统一的市场形象和品牌效应，提升产品附加值。同时，加强供应链管理，确保农产品从田间到餐桌的全程可追溯性，保障食品安全，增强消费者信任。

三、科技现代化赋能农业发展

生物技术引领农业革命。科技现代化是黑土地农业发展的核心驱动力。生物技术作为现代农业的前沿领域，正引领着农业的一场深刻革命。通过基因编辑、转基因技术等手段，可以培育出抗病虫害、耐逆境、高产优质的作物新品种，为黑土地农业的可持续发展提供强大支撑。同时，生物农药、生物肥料等绿色农业投入品的研发与应用，减少了化学农药和化肥的使用量，保护了黑土地生态环境，促进了农业绿色发展。

精准农业与智慧管理。精准农业是科技现代化在农业领域的又一重要应用。通过遥感卫星、无人机、地面传感器等现代信息技术手段，实现了对农业生产环境的实时监测和数据分析，为农业生产提供了精准指导。例如，根据土壤墒情和作物生长需求，精准施肥灌溉；利用无人机进行病虫害监测和防治；通过大数据分析预测市场趋势，指导农业生产布局等。这些技术的应用，使得农业生产更加高效、精准、可持续。

四、人的现代化赋能农业发展

人的现代化是农业现代化的根本。提升农民素质，是推动黑土地农业发展的关键。通过加强农村教育、职业技能培训等方式，提高农民的文化水平、科技素养和经营管理能力。鼓励农民学习新知识、新技术、新方法，培养适应现代农业发展需求的新型农民。同时，加强农村文化建设，提升农民的精神风貌和文明程度，为农业现代化提供强大的人才支撑。

新型职业农民培养。随着农业现代化的推进，传统农民向新型职业农民的转变成为必然趋势。新型职业农民不仅具备扎实的农业知识和技能，还具备敏锐的市场洞察力和经营管理能力。通过政策引导、资金支持、技术培训等多种措施，鼓励和支持有志青年回乡创业、投身农业。同时，建立健全新型职业农民认定和管理机制，保障其合法权益，激发其积极性和创造力。

第四节 创新农业现代化发展路径

黑土地上的农业现代化进程，要结合新时代发展需要，以发展现代化大农业为主攻方向，落实好大农业观、大食物观，加快推进农业农村现代化。始终把保障国家粮食安全摆在首位，加快实现农业农村现代化，提高粮食综合生产能力，确保平时产得出、供得足，极端情况下顶得上、靠得住。加大投入，率先把基本农田建成高标准农田，同步扩大黑土地保护实施范围，配套实施河湖连通、大型灌区续建改造工程，实施种业振兴行动，建设适宜耕作、旱涝保收、高产稳产的现代化良田。践行大食物观，合理开发利用东北各类资源，积极发展现代生态养殖业，形成粮经饲统筹、农林牧渔多业并举的产业体系，把农业建成大产业。协同推进农产品初加工和精深加工，延伸产业链、提升价值链，拓展农业发展空间，促进农业增效、农民增收。

一、加快东北全面振兴，提升对农业农村现代化带动作用

推动黑土地区域人均 GDP 在较短的时间内达到 1 万美元以上，努力提高城镇居民收入和城镇化水平，实现城镇居民收入高于 GDP 增速，城镇化水平稳中有升，增强本地城镇市场对本地农产品的购买力和劳动力。加强现代化都市圈建设，筛选一批人均 GDP 达到 1 万

美元以上的城区，推进城乡融合发展，加强农产品市场建设，带动农业农村现代化水平提升。加强各级各类项目谋划，兼顾基础设施项目投资和产业项目投资，促进产业发展提质升级，确保经济总量不断提升。优化财政、金融投资结构，确保更多的资金用在刀刃上，投入产业发展中，快速形成生产力。加强农业产业链发展，包括但不限于农资农机产业、农业科技服务产业、农产品一般加工和深加工产业、农产品电子商务产业、特色资源开发产业、乡村旅游产业等，努力形成农业产业链、创新链、价值链、服务链全面发展的新格局。

二、强化科技支撑能力，培育壮大农业新质生产力

加强科技对农业发展的支撑能力，用科技让农业更赚钱，只有让农业的利润率更高，农业农村发展才会更有希望。要坚持"良田良种良机良技"同步发展，坚持用科学技术保护好耕地的生态力，提高种子的支撑力，强化机械的辅助力，增进农技的应用力，打造一批融合性科技创新团队，积极推进"大科技"和"大农业"深度融合，让所有的现代科学技术在农业农村现代化领域发挥更多的作用，让更多的科技创新人才和科技成果转化人才投入到农业农村发展中。要利用好涉农相关实验室平台、国家农高区平台、现代农业产业园、国家农业科技园等各类平台，联动域内外相关科技发展网络，全面提升科技支撑农业农村发展的能力和水平。加强科技对农村发展的支撑能力，用科技让农村更宜居，以宜居农村留住更多有乡村情结、生态情结的科技人才，全面夯实科技发展的人才基础。支持在具有合适条件的地区建立生态发展的实验室、科研基地等平台，不仅让论文写在祖国大地上，还要让实验做在祖国大地上，要组织好科技人才东北行、省级人才东北行等活动，让各类人才全面了解黑土地上农业农村发展的广泛需求，实现人才和农业农村发展更加精准的对接。

三、坚持重大特大工程引领，突出保障国家粮食安全

重大特大工程在农业农村发展中具有引领性、示范性、样板性作用。要进一步围绕农业农村发展需要，同步谋划和推进各类重大特大项目。要围绕应对气候变化、增强农业韧性等目标，从水地数空天等多个领域、针对肉粮菜蛋奶等多个品种，按照产业链节点推进和谋划新的重大特大项目，包括一批千亿元粮食流通工程、千亿元特色产业工程以及一批百亿级以上工程；要统筹国家、省、市等多级资源，推进大路网、大水网、大电网建设，加快省道以下各级道路的整修和维护，加强村屯与乡镇之间道路的连接和安全，确保农业生产不缺水、农村发展不缺电、农产品运输有好路；统筹大规模水利工程与水网微循环沟渠的连接与畅通，确保涝能蓄水、旱能放水；统筹重大发电项目与分散式发电项目，兼顾农业用电和农村用电，加强风电、水电、光伏发电等新能源的保障能力，强化面向农村的油气煤等方面的能源运送、储运以及清洁化利用工程。提升单位产品的产值实现能力，完善相关产业链、价值链，增强重大特大农业工程项目实施的群众获得感。

四、融入全国统一市场，增强农业农村要素保障能力

农业农村要素支撑问题，仅靠黑土地上自身的力量很难取得实质性的突破，只有深度融入全国统一大市场才能得到更好地解决。为此，建议按四个层面分类推进农业农村经济融入全国统一大市场进程。政策制度层面，进一步对标全国最高标准的农业农村治理政策、补贴政策、开放政策、市场政策等，特别是增强区域发展的协同性、联动性、整体性，加快搭建具有最先进运营能力的农产品市场，打造直抵消费者终端的特色农产品物流网络，至关重要。产品品牌层面，由于传统特色产品品牌再造与提升难度极大，在继续推动这个工作的同时还要特别注意抓一批新的特色产品，按照"提质提价不放量，政企合作塑

品牌"的原则，推动特色领域高质量发展，通过品牌力量融入全国统一大市场。经营管理层面，要切实加强对农业农村创业者经营管理水平提升的培训，改变大多数农业农村的创业者"只会搞产品不会搞市场"的问题，要完善现代企业治理体系，塑造互信、法治的微观营商环境，提升经营管理能力。资本运作层面，要兼顾市场和法治两个原则，既要规模又防垄断，既提能力又增活力，设置科学的底线和比例，引入国内具有品牌力的农业农村资本运营商开发黑土地上特色农产品，特别是引入"国字号""央字号"企业带动整个农业农村经济网络提升。

五、深化农村综合改革，激活资源、资产、资本、资金转换能力

深化农村综合改革，是落实"以人民为中心"的发展理念的关键，只有通过改革，让在农村生活的人生活富裕了，农业农村发展才会充满希望。一是要针对老龄化问题进行综合改革，要对农村基层干部特别是60岁以上农村基层干部、特殊地域乡村老龄人口予以特殊的居住、医疗、休假等保障政策，要适度控制各部门向农村基层下放各种事项，推动乡村振兴的实现由乡镇干部完成，不要给最基层的村级单位特别是干部老龄化严重的村级单位过大压力。二是要针对以粮为主的特征进行综合改革，要加强对粮食生产大乡大镇基础设施、公共服务的治理力度，在这些乡镇设置粮食生产、粮食流通方面的省级、市级联合审批事项服务点，推动相关重要事项审批不出乡镇。三是要针对空心村等问题进行综合改革，要进一步推动村屯合并、乡镇合并以及社区化管理改革，加快公共事务合并步伐，支持设立乡村公共服务大部门、大窗口、大网格，根据实际人口提供更加有效、更加有力的公共服务产品。

六、坚持绿水青山发展观，强化农业现代化绿色本底

坚持绿水青山发展，是当前时代的主题，更是农业农村发展的底线，当前的核心是如何把握"绿水青山就是金山银山"的准确内涵，如何推动由绿水青山向金山银山转化。一是要大力推动践行"两山"理念试验区建设，推动旅游差异化协同发展，用特色餐饮、特色文化强化特色旅游，实现区域品牌整体提升，形成绿水青山向金山银山转化的全域全方位推进模式。二是要大力推动新能源产业发展和零碳乡村建设，打造一批"亮丽乡村""温暖乡村"，形成新能源驱动农业农村发展的新样板。三是要持续性强化农田以及村庄生态环境治理，巩固现有治理基础，在黑土地保护、畜牧业发展等项目实施过程中采用超前科技手段，确保生态环境向更好更优发展。四是要加强生态文明建设，并不断提升农业农村生态品牌效应，突出并持续打造一批生态品牌村，坚持自然生态和经济生态一起抓，用超前的生态、特色的场景聚人留人，让生态文明赋予农业农村发展更深厚的底蕴和更大的能量。

小　结：融合的关系

远景展望，人、粮食和黑土地未来将深度融合一体化发展。三者之间的关系从以前的逐步紧张趋向缓和，最终走向人逐步摆脱自然条件约束而能够创造食物的模式，粮食和黑土地之间重新走向自然互动的过程。这一过程或许看起来遥不可及，但是要相信人的创新性和能动性，相信能够更加自由而高效地利用一切生产资料，最终实现粮食自由、土地自由和发展自由。

要相信科技创新的力量，通过生物技术、信息技术和智能技术的进一步革新，创造出更加适应环境、抗病虫害的粮食作物，更加有利于人们健康和发展需要的粮食产品，以及更加精准、高效甚至脱离土地制约的农业生产方式，推动"黑土粮仓"实现农业领域的自由发展。

要相信社会组织的力量，通过深化改革、文明进步和其他手段的综合运用，加速构建更加公平、合理的土地和粮食分配机制，确保每个人都能够获得足够的食物和土地资源，确保每个人能够在要素平等交换和双向流动中实现自我发展，确保每个人能够尽可能地按照自己的意愿实现自由发展。

我们要相信人类自身的力量，通过不断学习、继承经验和集成创新等方式，能够通过自己的智慧和努力改变环境，能够顺应从古代的农耕文明到现代的工业文明，再到未来的智能文明的发展道路，更加自由而高效地利用一切生产资料，包括粮食和土地，为了不断提高自身的生活水平而持续努力。

要面向未来、相信未来、走向未来，不断地为了实现粮食自由、土地自由和发展自由这一目标而努力。粮食自由意味着每个人都能够随时随地获得充足、健康的食物；土地自由则意味着土地资源能够得到合理、高效的利用，同时保持可持续性；发展自由则是指人类能够在不破坏自然环境的前提下，实现经济、社会和文化的全面发展。要相信，以人类自身为中心，不断地推动人、粮食和黑土地的深度融合与一体化发展，粮食自由、土地自由和发展自由就一定会实现，并以此书写人类文明的新篇章。

王祝伟 摄

　　人、粮食、黑土地之间的关系是不断变化的。回顾前面五章的内容，这个关系经历了自然的关系、奋斗的关系、创新的关系、人本的关系，并在向融合的关系加速演进。在前面的分析中，我们不难发现，人的主体性特征能够对粮食和黑土地产生决定性影响。为此，本章对全书研究内容进行了梳理，总结了人、粮食和黑土地关系变化的十个特征，探析了未来一段时期"黑土粮仓"建设的五条新逻辑，提出了"黑土粮仓"建设的十条建议。

第六章

总结：关系新探及新逻辑

第一节 人、粮食和黑土地关系的总结

经过前面五章的分析，人、粮、地关系包括人粮、人地、粮地、人人、粮粮、地地六个子关系。这些关系随着生产力发展水平的变化而变化，具体如表6-1所示。

表6-1：人、粮、地关系随生产力变化规律表

关系演进	自然的关系	奋斗的关系	创新的关系	协调的关系	融合的关系
生产力水平	原始农业	传统农业	要素农业	现代农业	未来农业
人粮关系特征	人寻找粮	人生产粮	人增产粮	人粮协调	人创造粮
人地关系特征	自然追求	人耗费地	地力瓶颈	地力恢复	走向自然
粮地关系特征	自然关系	向地要粮	地力瓶颈	地力恢复	走向自然
人人关系特征	平等合作	竞争关系	竞争关系	协同关系	平等合作
粮粮关系特征	大食物观	小农业观	小食物观	大农业观	大食物观
地地关系特征	自然关系	兼并关系	多样关系	协同关系	自然关系

从历史的变化和当前的态势看，人、粮、地关系变化需把握如下特征。

特征一：人是关系变化的关键变量。人是历史的创造者。具体到黑土地这个特定区域内，人是粮食生产和黑土地管理的直接参与者，他们的观念、行为、知识和技能对三者之间的关系产生深远影响。黑土地上的人为了谁种粮、为了什么种粮、用什么技术种粮、以什么样的心态种粮，把黑土地当成劳动对象还是生存空间，把自身的劳动当成一种工具还是一种价值，把粮食当成产品还是商品或者是享受政策

的媒介，在自然灾害面前采取何种措施等等，都会决定人、粮食和黑土地关系变化的走向。从劳动创造价值这一意义上看，人作为劳动的承载体，其具有主观能动性的行为特征，决定了人、粮食和黑土地关系变化的关键变量。

特征二：天是关系变化的重要因素。天气变化仍是不可抗力因素，气候因素对粮食生产、黑土地保护以及人类生存正在构成重大威胁。极端天气事件的存在，如干旱、寒潮、台风、洪水等，不仅影响粮食作物的生长周期和产量，还可能加速黑土地的退化，导致人类的迁移，厄尔尼诺和拉尼娜现象更是导致极端天气的重要因素。碳排放的问题也将制约黑土地上的生产生活活动，畜牧业的碳排放问题、种植业的碳转换能力、森林湿地的碳储存状况等等，都或近或远地影响着人、粮食和黑土地的关系。太空设备也是相关因素，如遥感卫星、气象卫星等技术的运用，都会对作物生长、土壤肥力、生产活动产生重要影响。

特征三：数是关系变化的协调因素。数字技术的发展让黑土地上的劳动者、粮食、管理、气候应对等联结在一起，为进一步优化粮食生产加工行为、调整粮食价格、协调生产要素投入以及统筹推进黑土地保护等提供了新的机遇。而基于数字技术和数据资源的人工智能技术，又让这种协调能够发挥更大的作用，如跨区域的农业劳动者分类培训、跨区域的种植结构调整、跨区域的防虫防病防灾协同、不同区域的土壤轮作协同、不同地块产出效益比较、不同地域粮食价格优化、不同消费群体的粮食需求定位、更大规模智慧农用设备的采用以及协调等。依托数字技术的网联能力和精准特征，人、粮食和黑土地之间能够实现更高效、可持续的生产组合。

特征四：治是关系变化的约束条件。治理方式，包括各类政策法规、土地管理制度和环境保护政策，对人、粮食和黑土地关系的变化起着重要的约束作用。科学的治理方式可以激励农民采取可持续的耕作方式，保护黑土地资源，同时确保粮食生产的稳定性和安全性。如实施土地休耕政策、提供农业补贴和推广环保耕作技术，可以引导农民在保护黑土地的同时提高粮食产量。不合理的治理方式可能导致土地资源的过度开发和退化，进而影响粮食生产和生态安全。与治相关的最关键因素是执行治理措施的人或部门，科学的治理手段必须有智慧的人来执行才能有效，这就决定了加强治理部门以及治理队伍建设并提升其能力成为至关重要的一环。只有以人民为中心，德法共治，才能发挥出治的效用。

特征五：共是关系变化的未来方向。共，即共同体。研究人、粮食、黑土地的关系，目的是构建人、粮食和黑土地的共同体，进而实现这三者之间的和谐共生和可持续发展。这就需要我们看到人类社会基本关系变化的未来方向，基于求同存异的共同体模式也是实现粮食安全、生态安全和人类福祉相统一的必然要求。在这一共同体中，人的发展、粮食的生产和黑土地的保护是相互依存、相互促进的。需要按照这样的方向，不断调整发展理念和政策方向，通过制定和实施相关的具有共同体属性的法律法规、政策措施和项目平台，大力推动人、粮食和黑土地共同体的构建，实现人、粮食和黑土地的协同发展。

特征六：创是关系变化的重要支撑。创，包括创新和创业，是人、粮食和黑土地关系演进路径上的重要支撑，是人作为关键变量与所处的科技发展阶段相结合的基本表现。必须看到，创新包括科技创新、管理创新、制度创新等，对于粮食生产效率和黑土地利用水平发挥了重要作用，而创业，则是在创新的基础上强调形成市场主体，遵循市场原则，从而促进初级产品转化、提升经济效益、改善生活水平、强化要素流动。创，作为创新思维、创新行动、创新主体的共有标志，就像经济社会发展的指挥棒，引导着黑土地上的人不断地发挥其关键变量作用，来主导着人、粮食和黑土地之间的关系变化，同时也创造了黑土地上的文化，实现更高效、更可持续的发展。

特征七：用是关系变化的控制变量。用就是使用、应用、落实以及执行。当意识到人、粮食和黑土地关系发生着或者将要发生相应的变化时，最关键的就是做好"用"的工作，把握"谁"用"什么手段"来应对"什么变化"，这既涉及用什么技术工具，也涉及用什么治理手段。具体到微观环节，就是个人或者主体的应用能力或者用户感受。应用能力指的是将可能的手段或可能的方案转化为实际的能力，而用户感受则是指农民、消费者以及社会各界在这些方案或手段实施过程中的认知和体验。这些因素会对人、粮食和黑土地关系的具体节点、具体路径产生不可忽视的影响，只有重视微观层面应用能力的提升和用户感受能力的改善，才能更好地控制人、粮食和黑土地关系的变化方向，推动其向更加可持续、更加和谐的方向发展。

特征八：融是关系变化的重要手段。融合发展是人类社会发展、经济发展的必然趋势，也是人、粮食和黑土地关系变化的必然影响因素，城乡融合、产业融合、数实融合、文化融合等都将作用于人、粮食和黑土地的关系变化之中。城乡融合可以推动城乡一体化发展，包括资源、技术和市场共享等，为人、粮食和黑土地的协同发展提供更广阔的空间；产业融合则可以形成多元化的产业体系，提高粮食生产的附加值和竞争力；数实融合则是指将数字技术与实体经济相结合，通过数字化手段来强化粮食生产和黑土地管理的高效率及可持续性；文化融合则是指黑土地传统文化和市场经济相关文化的融合，共同提升黑土地上的文明特质和发展动能。这些融合是推动人、粮食和黑土地关系深刻变革和持续优化的重要举措。

特征九：粮是关系变化的一致目标。在人、粮食和黑土地的关系中，粮食生产始终是一个核心且一致的目标。这不仅仅局限于传统的农作物种植，还涵盖了更广泛的大农业观和大食物观；这不仅仅局限于黑土地上人们发展的自身需要，还包括其作为国家粮食安全战略重要组成部分的特殊意义。黑土地上的粮食生产要强化大农业观导向，以实现粮食和农业生产的整体提升，要强化大食物观导向，以满足人们日益多样化的饮食需求，多层次确保粮食的安全、充足和可持续。这个一致的目标，既具有现实意义，又具有深远意义，这就需要在保护黑土地等耕地资源的基础上，通过科技创新、模式创新等手段，提高粮食生产的效率和产量，同时注重粮食的质量和多样性，以满足人们不断增长的食物需求。

特征十：地是关系变化的物质约束。由于地理面积、地貌特征以及耕地肥力等因素，在人、粮食和黑土地的关系中，耕地保护尤其是黑土地保护构成了这个关系变化的根本物质约束。从实践看，黑土地面临着严重的退化和损失风险，如水土流失、土壤污染、过度开垦等问题，这些问题不仅威胁着黑土地的生产力，也直接影响着粮食生产的稳定性和可持续性。因此，保护黑土地等耕地资源成为人、粮食和黑土地关系中不可或缺的一部分。这就需要采取一系列有效的措施，如实施耕地保护政策、推广科学的耕作方式、加强土壤污染治理和修复等，也包括一些基于未来技术的措施，以确保耕地资源的数量和质量，为粮食生产提供稳定的物质基础，促进人、粮食和黑土地关系的和谐与可持续发展。

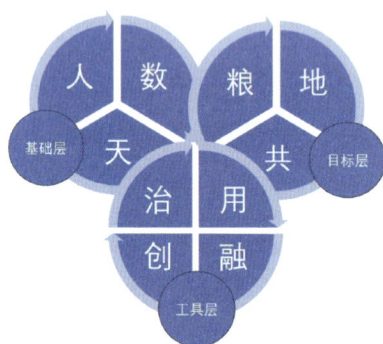

图 6-1：人、粮食、黑土地关系的十大特征关系示意图

第二节　"黑土粮仓"建设新逻辑探索

逻辑一：人的逻辑——统筹生产、生活、生态。"黑土粮仓"建设要依靠人，也要为了人，这就决定了其发展核心要符合人的逻辑。"黑土粮仓"不仅仅是一个农业生产的概念，而且是一个全面的、多维度的发展战略，涵盖了生产、生活和生态三大方面。在生产方面，"黑土粮仓"建设既注重提升农业生产力和效率，也着眼于与农业相关联的其他非农业生产活动的发展，核心是要把握"人在生产"这一关键。这意味着在保障粮食稳产高产的同时，也要积极推动农业产业链的延伸和拓展，打造现代乡村产业体系，形成多元化的农村经济结构，让人能够在这样的体系中发挥更大的作用，进而提高农民的收入水平、增强农村经济内生活力。在生活方面，"黑土粮仓"建设将焦点放在未来生活上，致力于农民的生活质量和幸福感的持续提升。这包括改善农村基础设施，提供现代化的居住环境和公共服务设施；加强农民教育和培训，提高农民的文化素质和职业技能；以及推动农村社会的全面进步，让农民享受到更加丰富多彩的精神文化生活。通过这些措施，可以为农民创造一个宜居、宜业、宜游的现代化农村生活环境。在生态方面，"黑土粮仓"建设充分体现了可持续发展理念，它不仅仅关注当前的生态环境问题，还兼顾自然生态和未来生态的平衡与保护。这意味着在农业生产过程中，要采取环保的耕作方式和科学的土地管理措施，防止土壤退化、水污染和生物多样性丧失；同时，也要注重农村生态环境的整体改善和美化，打造绿色、生态、宜居的农村环境。通过这样的方式，"黑土粮仓"建设将为实现人与自然的和谐共生、推动农业可持续发展做出积极贡献。从人的逻辑上看，未来发展要统筹生产、生活、生态三方面的同步发展，致力于打造黑土地上的特色"三生"空间，让人能够在黑土地上积极生产、快乐生活、融入生态。

逻辑二：技术逻辑——统筹高产、高效、高质。"黑土粮仓"建设不仅是一个满足人的需求的战略，也是一个需要坚实技术支撑的发展过程。为了更好地推动这一建设，必须遵循技术逻辑，这包括把握技术开发的周期性、技术扩散的系统性以及技术研发的开放性等多个方面。在技术开发的周期性方面，要认识到任何技术的研发和应用都需要经历一个从萌芽、成长到成熟的过程。因此，在"黑土粮仓"建设中，不能急于求成，而应该有耐心，为技术的长期发展提供稳定的支持和投入。技术扩散的系统性则强调了技术在不同领域和层面的传播与应用。在"黑土粮仓"建设中，要注重技术的全面推广和普及，确保各项先进技术能够真正惠及广大农民和农村地区，推动农业生产的整体提升。同时，技术研发的开放性也是必须遵循的重要原则。这意味着要积极引进和吸收国内外的先进技术及经验，同时也要加强本土的创新和研发，形成一个开放、包容的技术创新体系。在这些技术逻辑的基础上，还要统筹粮食领域和整个经济社会发展领域的高产技术、高效技术与高质技术的同步推进。一是要强化粮食生产领域"三高技术"的统筹，既要提高粮食产量规模，又要提高生产效率，还要提高质量，让粮食领域更有效益，更能保障人们生活需要。二是要兼顾经济社会发展的"三高技术"的统筹，要立足粮食生产与经济社会发展的互促互动关系，不断提高经济社会发展的总产出，还要让财政效益、企业利润水平提升起来，又要把防风险、增韧性等作为高质量发展的主要导向强化起来。这就需要不断根据黑土地上农业农村发展的需要，促进可以汇集的各类科学技术赋能农业农村领域，推动农业农村与工业城镇相关主体连成网络，从技术支撑方面实现一体化发展、一体化提升。

　　逻辑三：治理逻辑——统筹公平、发展、安全。"黑土粮仓"建设确实不仅仅是一个短期的农业生产问题，它更是一个涉及社会治理和韧性增强、涉及经济社会持续发展的综合性问题。因此，其建设必须符合治理逻辑，统筹考虑公平、发展和安全三个方面，确保这一重大工程的顺利推进和可持续发展。在公平治理方面，"黑土粮仓"建设必须确保所有参与者，特别是农民，能够公平地获得资源、信息和机会。农民是粮食生产的主体，也是"黑土粮仓"建设的主要受益者。政府和社会各界应该提供平等的支持和服务，避免资源过度集中或不合理政策，确保农民能够享受到公平的待遇和机会。这包括提供平等的农业技术培训、市场信息、财政补贴等，帮助农民提高生产技能和市场竞争力。在发展治理方面，确立发展是"黑土粮仓"建设的核心目标，这是至关重要的。这不仅仅包括提高粮食产量和质量，推动农业现代化，还包括促进农村经济全面发展。为了实现这一目标，需要持续的投资、技术创新和政策支持。政府应该加大对农业科技的研发投入力度，推广先进的农业技术和装备，提高农业生产效率和质量。还需要制定有利于农村经济发展的政策，鼓励农民创业创新，推动农村产业多元化发展。在安全治理方面，在追求发展的同时必须确保"黑土粮仓"建设的安全性。这包括粮食安全、生态安全和农民的生活安全。粮食安全是国家安全的重要组成部分，不仅必须确保粮食生产的稳定性和可持续性，还要确保与粮食相关领域的金融安全以及信用安全等问题。生态安全则要求在促进农业生产的同时，注重保护生态环境，重视碳排放的约束和控制，避免过度开发和污染。农民的生活安全也需要得到保障，包括提供基本的社会保障、医疗保障和教育服务等。为了应对自然灾害、市场波动等不确定性因素，需要建立有效的风险管理和应对机制，确保"黑土粮仓"建设的稳定性和可持续性。可以说，治理逻辑是人的逻辑在治理方面的反映，是实现技术逻辑的有力保障。

　　逻辑四：发展逻辑——统筹过去、现代、未来。"黑土粮仓"建设确实是一个长期且复杂的过程，它要求在历史的积淀中寻找智慧，在现代的技术中寻求突破，同时在未来的视野中规划蓝图。因此，其建设必须符合发展逻辑，统筹考虑过去、现代和未来三个方面，以确保能够顺应供给变化、需求变化和技术变化的整体趋势。在"过去"方面，要深入挖掘和传承传统的农耕文化与经验是至关重要的，这些传统知识和实践是与黑土地保护及利用密切相关的宝贵财富。通过总结和反思过去的经验教训，可以发现黑土地上农业发展和经济社会发展的短板，进而有针对性地补足这些短板，为"黑土粮仓"建设提供坚实的基础。在"现代"方面，积极引进和应用现代农业技术与管理模式是提升"黑土粮仓"建设水平的关键。通过提高粮食生产的效率和可持续性，可以更好地满足现代社会的需求。同时，也需要密切关注现代农业消费者的趋势变化，以便及时调整农业和经济结构，生产出更具竞争力的商品，确保"黑土粮仓"建设与现代社会的步伐保持同步。在"未来"方面，前瞻性的规划和布局是必不可少的，需要充分认识新质生产力带来的无限可能性，如数字化、智能化等新技术在农业领域的应用，并基于这些认识制定长期的发展战略，加强科技创新和人才培养，建立可持续的商业模式。这些举措将有助于确保"黑土粮仓"在未来实现可持续发展，为人类社会提供稳定、安全的粮食供应。同时还要统筹不同劳动者群体对于过去、现在、未来的不同感受，基于人的因素来调整相应政策。也就是说，要立足于人，统筹考虑过去、现代和未来三个方面，深入挖掘和传承传统农耕文化、积极引进和应用现代经济要素，以及制定前瞻性的规划和布局，以确保"黑土粮仓"建设的长期成功和可持续发展。

　　逻辑五：实践逻辑——统筹可能、可行、可用。"黑土粮仓"建设是一个实践性的过程，它要求将理论转化为实际的行动和成果，通过脚踏实地的努力，将黑土地打造成为丰收的粮仓。在这个过程中，符合实践逻辑是至关重要的，需要统筹考虑可能、可行和可用三个方面，以确保行动既有前瞻性，又具可行性和实用性。首先，用"可能"引导"敢闯"。在"黑土粮仓"建设中，要敢于探索新的可能性和机遇。这意味着要勇于尝试新的农耕技术、新的管理模式、新的农业发展理念，甚至进行新的经济社会融合发展试验。只有敢于闯新路，才能不断拓宽"黑土粮仓"建设的边界，为其注入源源不断的创新活力。其次，用"可行"确保"敢干"。在探索新的可能性的同时，也必须确保行动是切实可行的。这意味着我们要对每一项决策、每一个行动进行深入的可行性研究，确保其符合黑土地的实际条件，能够满足人民群众的实际需求，同时也能够带来实际的效益。只有这样，才能敢于放手一搏，将"黑土粮仓"建设的蓝图变为现实。最后，用"可用"支持"实干"。在"黑土粮仓"建设中，还需要注重实用性和可持续性。这意味着要选择那些真正能够在黑土地上发挥作用、带来长期效益的技术和管理模式。同时，也要注重培养农民的实际操作能力，确保他们能够将这些技术和模式转化为实际的农业生产成果。只有这样，才能用实实在在的行动和成果来支持"黑土粮仓"建设的长远发展。总的来说，"黑土粮仓"建设必须符合实践逻辑，统筹考虑可能、可行和可用三个方面。通过用"可能"引导"敢闯"、用"可行"确保"敢干"、用"可用"支持"实干"，切实打造黑土地上的"敢闯敢干加实干"的奋斗生态，为"黑土粮仓"建设的成功奠定坚实的基础。

第三节　建设"黑土粮仓"的对策建议

建议一：关注人、粮食和黑土地的关系变化。一是要明确谁来关注人、粮食和黑土地关系的变化，政府决策者、科学家、劳动者以及全社会都要来关注这一关系变化，但是谁是主要的关注者这个问题十分关键。综合考虑人的主体性、粮食的目的性和黑土地的约束性，我们认为要把政府决策者作为关注人、粮食和黑土地的关系变化的第一主体。为此需要引导政府决策者在相关领域制定行为规范、行为方式时要切实把握人、粮食和黑土地的变化，架构起由政府决策者引领、全社会有序参与、劳动者积极改进的政策传输和发挥作用的机制，更多地从人的角度出发考虑问题或者制定相关方案。二是要明确关注人、粮食和黑土地关系的哪些变化，要看到哪个关系是这一关系中的变化驱动因素。要注意到人的问题是国家需要与个人需要的关系，是个人价值怎么实现的问题；粮的问题主要是田种互动的关系，是怎么实现粮食价值的问题；土地的问题主要是短期使用与持续使用的关系，是生态价值与经济价值统筹的问题。其中人的问题最具变化性，要把人的问题放在关键位置予以考察，人的关系理顺了，其他的问题就好解决了。三是要基于十个特征和五个逻辑来关注人、粮食和黑土地关系的变化。即要把握人是关系变化的关键变量、天是关系变化的重要因素、数是关系变化的协调因素、治是关系变化的约束条件、共是关系变化的未来方向、创是关系变化的重要支撑、用是关系变化的控制变量、融是关系变化的重要手段、粮是关系变化的一致目标、地是关系变化的物质约束这十个特征。要把握人的逻辑、技术逻辑、治理逻辑、发展逻辑、实践逻辑五个逻辑。要因地制宜，更要因势而行，这是实现人、粮食和黑土地的和谐共生与可持续发展的总原则。

建议二：关注黑土地上不同人群的关系变化。针对"关注黑土地上人群之间的关系变化"提出对策建议，需要从多个维度出发，考虑到黑土地上不同人群之间的相互作用和影响。一是加强社区建设，促进人群融合。鼓励和支持黑土地上的社区开展丰富多彩的文化活动，如农民丰收节、农业技术交流会等，增进不同人群之间的了解和友谊，形成共同的文化认同感和归属感。建立有效的信息交流平台，如社区公告栏、微信群等，方便黑土地上的农民、科技人员、政策制定者等人群之间的信息共享和交流，及时传递最新的农业技术、市场动态和政策信息。二是推动多方参与，形成保护合力。政府应加强对黑土地保护的宣传和教育，提高在黑土地上生产生活的人们对黑土地重要性的认识，同时制定和实施科学的黑土地保护政策，引导各方积极参与黑土地保护工作。鼓励社会组织和企业参与黑土地保护和利用，通过资金捐赠、技术支持、志愿服务等方式，为黑土地保护贡献力量。发挥农民主体作用，宣传农民是黑土地保护的主力军，充分发挥他们的主体作用，通过培训、示范等方式，提高他们的黑土地保护意识和能力，鼓励他们积极参与黑土地保护实践。三是关注人群需求，保障合法权益。关注农民生计问题，通过提供技术培训、市场信息、资金支持等方式，帮助他们提高农业生产效益和收入水平。保障科技人员权益，科技人员在黑土地保护中发挥着重要作用，应保障他们必要的工作条件和待遇，激发他们的工作积极性和创造力。维护生态移民权益，应妥善安置对于因黑土地保护需要而实施生态移民的人群，提供必要的生活保障和发展机会，确保他们的合法权益不受侵害。四是加强科学研究，提供技术支撑。加大与黑土地保护相关科研的投入力度，支持科研机构开展黑土地保护技术的研究和推广，为黑土地保护提供有力的技术支撑，积极推广先进的黑土地保护技术和管理模式，统筹加强与黑土地有关的科学普及和社科普及工作。总而言之，要关注黑土地上人群之间的关系变化，通过加强社区建设、推动多方参与、关注人群需求、加强科学研究等措施，形成黑土地保护的强大合力，确保黑土地资源的可持续利用和生态安全。

　　建议三：关注科技创新导致的可能关系变化。黑土粮仓建设要关注科技创新带来的各种变化，从多个维度进行深入分析和综合施策，以确保科技创新能够全面、有效地推动黑土粮仓的可持续发展。一是要关注科技创新对于人粮关系变化的影响。科技创新在改善人粮关系方面发挥着关键作用。随着农业科技的不断进步，粮食生产效率显著提升，从而有助于缓解人口增长对粮食需求的压力，通过精准农业、生物育种、智能农机等技术的应用，可以大幅度提高粮食单产，增加粮食总产量，为人口增长提供坚实的粮食保障。科技创新还有助于优化粮食种植结构，提高粮食品质，满足人民日益增长的多元化、高质量食品需求。但是科技创新投入也要关注由于人口可能下降而给粮食生产方面带来的影响，这方面还需要积极探索。二是要关注科技创新对于粮地关系变化的影响。科技创新对粮地关系的影响主要体现在提高土地利用效率和保护土地资源两个方面。通过土壤改良、节水灌溉、精准施肥等技术的应用，可以显著提高土地的生产能力，使有限的土地资源能够承载更多的粮食生产。有助于减少农业生产对土地资源的破坏，如通过保护性耕作、秸秆还田等措施，保持土壤肥力，防止水土流失，实现粮食生产的可持续发展。除此之外，还要关注由于粮食高质量发展或者粮食自身质量提升可能对土地要求产生的变化。三是要关注科技创新对于城乡关系变化的影响。科技创新在促进城乡一体化发展方面发挥着重要作用，随着农业科技的进步，农村地区的生产效率不断提高，农村经济得到快速发展，从而有助于缩小城乡差距。科技创新还推动了农村产业结构的优化升级，如发展农产品加工业、休闲农业等多元化产业，为农村地区提供了更多的就业机会和收入来源。通过数字化、智能化技术的应用，还可以实现城乡资源的共享和优化配置，促进城乡融合发展。当然这是在科技创新处于相对稳定而非重大科技革命时期的现象或规律，还要关注重大科技革命对城乡关系变化的影响。四是要关注科技创新对于劳动力流动变化的影响。从科技创新而言，其影响机制包括对由农业机械化等带来的农业劳动力的挤出效应和由新岗位增加带来的拉动效应两个方面，并以此促进了劳动力在城乡之间的双向流动和优化配置。还要关注劳动力本身的结构变化——如由于老龄化、少子化、高知化等而引起的新变化。五是要关注科技创新对于社会治理变化的影响。在黑土粮仓建设中，科技创新有助于提升农业生产的精细化管理水平，实现农业生产全过程的数字化、智能化监控和管理，也有助于推动农村社会治理创新，提高农村社会治理的智能化水平和精细化程度，促进农村社会和谐稳定。但是也要关注可能由科技重大革命而引起的新变化，特别是伦理和文化层面的变化，毕竟科技创新本身不是线性的，是复杂的。

建议四：推进东北黑土地向中国黑土地转型升级。要大力推进东北黑土地向中国黑土地转型，用好国家资源和全国资源保护；利用好黑土地。一是要明确黑土地在国家粮食安全战略中的地位。黑土地被誉为"耕地中的大熊猫"，是我国最重要的粮食生产基地和商品粮输出基地，粮食产量占全国的1/4。其战略地位不仅限于东北地区，而是关乎整个国家的粮食安全。为此，要立足全局视角，将黑土地视为国家粮食安全战略的重要基础，而非仅仅局限于区域发展战略，这样有助于从更高层面整合资源、制定政策，确保黑土地得到最有效的保护和利用。二是要汇聚全国资源，建立省际合作机制。采取全国动员方式，汇聚全国范围内的科技、资金、人才等资源，形成保护黑土地的强大合力。通过政策引导和市场机制，鼓励各类资源向黑土地地区倾斜。建立省际横向合作机制或对口帮扶机制，促进不同地区在黑土地保护方面的经验交流和资源共享，应建立一个沿海发达城市包保一个东北地区县域黑土地发展的相关机制。三是要利用国家力量引进全球资源参与黑土地保护和开发。加强与国际组织、科研机构及跨国企业的合作，引进先进的黑土地保护和开发技术。通过技术交流和合作研发，提升我国黑土地保护和开发的科技水平。吸引外资参与黑土地保护和开发项目，拓宽资金来源渠道。注重外资使用的规范性和效益性，确保黑土地得到可持续的保护和利用。四是要依托国家级媒体提升黑土地上各类资源的品牌力和市场力。借助央视等国家级媒体，宣传中国黑土地的自然优势和资源禀赋，打造具有影响力的农产品品牌，通过品牌建设提升农产品的附加值和市场竞争力。在各类国家级展会中加强黑土地农产品的市场推广力度，拓宽销售渠道和市场份额。利用电商平台、直播带货等新兴销售模式，提高黑土地农产品的知名度和美誉度。五是从长远看，要推动黑土地保护成为专项工作或专门学科。包括将黑土地保护纳入国家重大战略部署和政策体系，制定专门的保护规划和实施方案，通过政策引导和资金支持，确保黑土地保护工作的顺利开展。建立健全黑土地保护的长效机制和政策体系，加强监管和考核力度。鼓励社会力量和农民群众积极参与黑土地保护工作，形成全社会共同保护黑土地的良好氛围。推动黑土地保护成为专门的学科领域，加强相关学科建设和人才培养。通过学术研究和理论创新，为黑土地保护提供科学依据和技术支撑。提高公众对黑土地保护的认识和重视程度。通过教育引导和社会宣传，形成全社会共同关注和支持黑土地保护的良好风尚。六是要从国家层面加强监测评估与监督管理。包括建立和完善监测评估体系，对黑土地的数量、质量、生态状况等进行定期监测和评估，及时发布监测评估结果，为制定政策和措施调整提供依据。加大对黑土地保护利用工作的监督检查力度，确保各项政策措施的有效落实。对违法违规行为进行严厉查处和曝光，形成有效的震慑作用。

建议五：推进以粮为纲向以人为纲不断转型。黑土粮仓建设需要密切关注人、粮食和黑土地之间的关系变化，并随着时代的发展，不断推进从以粮为纲向以人为纲的转型。一是要强化人本理念，始终将人的需求和发展放在首位，坚持好大农业观、大粮食观、大生态观等发展观念，确保所有政策和措施都服务于提升人们的生活质量与福祉。二是把黑土地上人的全面发展放在首位，将其作为黑土粮仓建设转型的核心，即在粮食生产的同时，也要关注当地居民的生活质量、教育水平、健康状况等，确保他们能够获得全面的发展。通过提高居民的生活水平和幸福感，可以进一步激发他们参与黑土粮仓建设的积极性和创造力。三是全面发挥人的主观能动性和创造性，全面强化科技创新赋能和人才引领能力，鼓励当地居民积极参与科技创新和农业生产实践。四是结合人口数量结构变化，不断调整包括粮食生产在内的产业发展策略，是黑土粮仓建设转型的保障，可以发展适合老年人就业的农业产业，或者通过科技创新提高农业生产效率，以应对劳动力不足的问题。也可关注市场需求的变化，调整粮食生产结构和品种，以满足不同消费者的需求。五是要加快构建和谐的人、粮、地关系，在确保粮食生产的同时，注重黑土地的生态保护和修复，实现粮食生产和生态保护的协调发展。合理规划土地利用，避免过度开发和利用黑土地资源，确保黑土地的可持续利用。鼓励人们更加深入地了解和关注黑土地，形成人与土地之间的紧密联系和互动。

建议六：推进产量思维向效益思维不断转型。黑土粮仓建设需要不断推进产量思维向效益思维的转型，让效益成为汇聚资源和力量的重要引力，是实现黑土粮仓可持续发展的关键。一是以高质量发展为导向推进农业生产。包括根据市场需求和资源条件，合理调整作物种植结构，增加高附加值作物的种植面积，减少低效益作物的种植；积极引进和推广优质、高产、抗逆性强的作物品种，以及配套的栽培技术和管理模式，提高单产和品质；加大农业科技研发投入，推动农业科技创新和成果转化，提升农业生产的科技含量和附加值。二是要打造产量和效益相平衡的发展模式，如通过土地流转、合作社等方式，推动土地适度规模经营，降低生产成本，提高生产效益；在保障粮食生产的同时，积极发展农产品加工业、休闲农业等多元化产业，延长产业链，增加附加值；注重生态环境保护，推广绿色生态农业模式，减少化肥农药使用量，提高农产品品质和市场竞争力；运用数字技术和人工智能技术，加强与市场需求的精准对接。三是制定具有效益导向的财政引导机制。如加大对农业生产的财政投入力度，特别是在农业基础设施建设、农业科技研发等方面给予更多支持，降低农业生产成本；实施差异化补贴政策，综合农户的作物种类、生产效益等因素制定差异化的补贴政策，鼓励农民种植效益型作物；建立奖励机制，对在农业生产中取得显著效益的农民或企业给予奖励和表彰，激励更多人参与到效益型农业生产中来。四是着力宣传效益好的生产案例。如树立典型示范，通过新闻媒体、网络平台等多种渠道宣传效益好的生产案例和经验做法；组织农民和企业代表到效益好的生产基地进行观摩学习，交流经验和技术成果；加大对农民的培训和指导力度，提高他们的生产技能和经营管理水平，推动他们向高效益农业生产转型。五是注意提升整个经济系统的效益水平。如推动农业与工业、服务业等产业的深度融合和协同发展，形成完整的产业链和价值链体系；加强区域间的合作与交流，推动资源共享和优势互补，实现区域经济的协调发展；加强科技创新和人才培养力度，推动农业生产的智能化、信息化和现代化发展，提高整个经济系统的创新能力和竞争力。

建议七：用好全国统一大市场这一重要平台。保护和利用好黑土地，对于维护国家粮食安全、促进农业可持续发展具有重要意义。而全国统一大市场作为一个广阔的平台，可以为黑土地的保护和利用提供有力支持。一是全国统一大市场为黑土地保护和利用提供了广阔空间。全国统一大市场的建设，打破了地域限制，使得各种资源可以在全国范围内自由流动和优化配置。对于黑土地来说，这意味着其保护和利用不再局限于某一地区或某一领域，而是可以在全国范围内进行统筹规划和布局。这有利于形成全国一盘棋的黑土地保护和利用格局，从而提高黑土地的整体效益。二是全国统一大市场促进了黑土地保护和利用技术的交流与推广。全国统一大市场的建立，促进了各地区之间的经济交流和合作。在农业领域，这意味着各地区的农业技术、管理经验等可以在全国范围内进行交流和推广。对于黑土地的保护和利用来说，这有利于引进和推广先进的农业技术与管理经验，提高黑土地的利用效率和保护水平。三是全国统一大市场有助于形成合理的黑土地价格机制。在全国统一大市场背景下，各种商品和服务的价格由市场供求关系决定。对于黑土地来说，这意味着其价格也将由市场供求关系决定，从而形成合理的价格机制。这有利于激励农民和农业企业积极投入黑土地的保护与利用工作，提高黑土地的经济效益和社会效益。四是全国统一大市场为黑土地保护和利用提供政策支持。全国统一大市场的建设，需要政府制定和实施一系列相关政策来保障其顺利运行。对于黑土地的保护和利用来说，政府可以通过制定相关政策来提供支持和保障。例如，政府可以出台优惠政策，鼓励农民和农业企业投入黑土地的保护与利用工作；可以制定相关法律法规来规范黑土地的使用和管理；还可以加大对黑土地保护和利用的科研投入与技术支持等。

建议八：用好粮食生产省际横向利益补偿机制。粮食生产省际横向利益补偿机制是保障国家粮食安全、促进粮食主产区与主销区协调发展的重要途径。用好这一机制，有利于引入粮食主销区的思想观念、生产要素、技术装备，优化黑土地上的人、粮食和黑土地的关系。一是明确政策目标与原则。以调动粮食产销区两个积极性为政策设计目标，通过利益分配杠杆，调动粮食主产区生产积极性，遏制主销区自给率不断下降趋势，促进区域协调发展。遵循"谁受益、谁补偿"的原则，确保粮食主产区因承担粮食安全责任而产生的经济损失得到合理补偿。二是科学设计补偿制度。确定补偿范围与对象，明确粮食主产区、主销区及产销平衡区的划分，以法定粮食统计产量作为各省（自治区、直辖市）粮食产出数据基础，确定补偿对象和补偿范围。测算粮食自给率与缺口，按照各省（自治区、直辖市）常住人口数量和人均粮食占有量标准，测算各省（自治区、直辖市）粮食自给率及粮食缺口，作为补偿依据。设计补偿标准与方式，综合考虑国家粮食安全形势、粮食主产区财政自给率、主销区粮食自给率等因素，科学设计补偿标准。补偿方式可以包括直接资金补偿、项目支持、税收优惠、技术援助、劳动参与等多种形式。三是建立公平合理的交易平台。建立省际粮食调进调出指标交易的市场化平台，由各省（自治区、直辖市）自发确定补偿标准，实现粮食产销区的公平交易。建立粮汇交易制度，借鉴碳汇交易机制，建立粮汇交易制度，通过粮食产销区省际横向利益补偿，以粮汇方式出售或购买粮食，实现利益再分配。四是加强合作与联动，鼓励主销区与主产区共建粮食生产基地、仓储设施、加工园区和营销网络，实现优势互补和资源共享；支持主产区发展粮食加工业，提高粮食就地加工转化能力，实现从"卖原粮"向"卖产品"转型，增加粮食附加值；强化技术与人才支持，主销区通过提供先进技术支持、特色人才交流等方式，帮助主产区提升粮食生产和管理水平。五是完善监督与评估机制，加强数据监测与统计，摸清粮食流通总体情况，确保粮食流通数据的全面性和准确性；建立评估体系，定期对粮食生产省际横向利益补偿机制的实施效果进行评估，及时调整和完善政策措施；强化监督执纪问责，加强对政策落实情况的监督检查，确保各项政策措施得到有效执行。对于政策执行不力的地区和部门，要严肃问责。

建议九：用好人口高素质发展这一重要举措。保护利用黑土地与推动人口高素质发展是两个密切相关且相互促进的领域。当前，要高度重视与人口高素质发展相关举措，围绕黑土地上人口变化态势，制定比其他地方更具力度、更有特色的相关措施。一是加强区域特色教育体系建设，推动基础教育均衡发展，提高教育质量，降低教育成本，允许其他地方适龄儿童到黑土地区域接受优质教育。加强职业教育和继续教育，提高劳动者的职业技能和综合素质。推动高等教育内涵式发展，培养更多具有创新精神和实践能力的高素质人才。增加教育经费投入，改善学校办学条件，提高教师待遇，吸引更多优秀人才从事教育事业。推动教育信息化发展，利用现代信息技术手段提高教育效率和质量。二是提升黑土地上现有人口健康素质，完善疾病预防控制体系，提高应对突发公共卫生事件的能力，加强基层医疗卫生服务体系建设，提高基层医疗服务水平；加强健康教育宣传，普及健康知识，引导人们养成健康的生活习惯，推动全民健身运动，提高人民群众的身体素质；加强老龄人口以及中年以上人口健康技术的创新和推广；鼓励国内人口密集区域的劳动者到黑土地上从事农业以及与农业有关的活动。三是强化思想道德建设，深入开展社会主义核心价值观教育，引导人们树立正确的世界观、人生观和价值观，发挥人的主观能动性，客观看到黑土地上生产生活中遇到的困难，也要客观看到黑土地上未来发展的真实愿景；挖掘和传承中华优秀传统文化的精髓，弘扬民族精神，促进不同民族和谐发展，强化创业精神和艰苦奋斗精神，提高人们的文化自信心和认同感。四是推动科技创新与人才培养，加强科技创新体系建设，加大对科技创新的投入力度，支持科研机构和企业开展创新活动。加强知识产权保护力度，激发全社会的创新活力。培养高素质科技人才，推动高等教育与科技创新深度融合，培养更多具有创新精神和实践能力的科技人才。五是完善社会保障体系，完善养老保险、医疗保险等社会保障制度，提高社会保障水平。加强对弱势群体的关爱和救助力度，保障他们的基本生活需求。推动就业创业，加强就业服务体系建设，提供全方位的就业服务，鼓励和支持创业活动，为创业者提供政策支持和资金扶持。六是优化人口政策与生育支持，加大对生育、养育、教育等方面的财政支持力度，降低生育成本，完善产假、育儿假等生育保障措施，保障女性职工的合法权益；加强生殖健康服务，加强不孕不育症的预防和治疗，推广免费婚检、孕前筛查等健康服务措施，提高出生人口素质。

建议十：用好培育新质生产力这一重要动力。《中共中央关于进一步全面深化改革 推进中国式现代化的决定》就"健全因地制宜发展新质生产力体制机制"指出，要推动技术革命性突破、生产要素创新性配置、产业深度转型升级，要推动劳动者、劳动资料、劳动对象优化组合和更新跃升，要催生新产业、新模式、新动能，要以国家标准提升引领传统产业优化升级，支持企业用数智技术、绿色技术改造提升传统产业，健全相关规则和政策，加快形成同新质生产力更相适应的生产关系，要大幅提升全要素生产率。落实在"黑土粮仓"建设目标中，这些内容完全适用。在黑土粮仓建设中推动技术革命性突破、生产要素创新性配置、产业深度转型升级，主要包括加强农业科技创新，特别是运用最新科学技术提升农业科技水平，开展有针对性的关键技术研发应用，如针对黑土地退化、水资源短缺、病虫害防控等关键问题，加强关键技术研发和应用，要注意土地资源配置，以推动土地适度规模经营和土地整理复垦等，注意资本要素投入，支持农业基础设施建设、科技创新和产业升级，注意加强农业人力资源开发，提高农民科技素质和经营管理能力，吸引城市人才下乡创业就业，要注意延长产业链、促进融合发展、实现绿色发展等工作相统一。在黑土粮仓建设中，还要推动劳动者、劳动资料、劳动对象的优化组合和更新跃升，包括提升劳动者素质（农业科技培训和职业教育、吸引和留住青年科技人才）、优化劳动力结构（推动农业劳动力向规模化、专业化、组织化方向发展、加强农业社会化服务体系建设）、引入先进农业装备（加大对高端智能农机具的研发投入和推广力度、开发出适合黑土地保护的智能农机具、加强农机农艺融合等）、推广绿色生产资料（生物农药、生物肥料等绿色生产资料）、优化作物品种结构（加强作物种质资源保护和利用工作，培育高产、优质、抗逆性强的作物新品种，加强作物品种区域试验和展示示范工作等）、发展多元化农业产业（推动农业与二、三产业的深度融合发展、加强品牌建设和市场营销工作等）。在黑土粮仓建设中，催生新产业、新模式、新动能是重要路径，要不断催生和创新产业，如农产品加工业、农业服务业、农村电商、乡村旅游等，还要不断探索新模式，包括订单农业模式、股份合作模式、"互联网＋农业"模式、绿色生态农业模式、未来农业模式等，也要不断催生新动能，包括科技创新动能、政策扶持动能、市场驱动动能。在黑土粮仓建设中，还要注意通过制定和完善国家标准、推广国家标准应用、实施标准化生产等措施，提升引领农业产业优化升级，要通过财政、信用、金融等手段，支持市场主体采用数智技术、绿色技术改造提升农业发展水平。

参考文献

[1] 魏后凯、吴广昊.《以新质生产力引领现代化大农业发展》.《改革》，2024 年第 5 期.

[2] 魏后凯.《深刻把握农业农村现代化的科学内涵》.《农村工作通讯》，2019 年第 2 期.

[3] 叶兴庆.《把准农业领域发展新质生产力的着力点》.《农民日报》，2024 年 3 月 30 日.

[4] 叶兴庆、程郁.《新发展阶段农业农村现代化的内涵特征和评价体系》.《改革》，2021 年第 9 期.

[5] 姜长云.《农业新质生产力：内涵特征、发展重点、面临制约和政策建议》.《南京农业大学学报》（社会科学版），2024 年第 4 期.

[6] 姜长云.《推进农业农村现代化要科学处理三大关系》.《经济参考报》，2021 年 08 月 31 日 007 版.

[7] 姜明等.《坚持以中国式农业现代化筑牢"黑土大粮仓"》.《中国农村科技》，2022 年第 12 期.

[8] 姜明等.《用好养好黑土地的科技战略思考与实施路径－中国科学院"黑土粮仓"战略性先导科技专项的总体思路与实施方案》.《中国科学院院刊》，2021 年第 10 期.

[9] 丁春雨等.《基于吉林一号的梨树县主要农作物提取研究》.《农业与技术》，2023 年第 4 期.

[10] 丁冬.《吉林省黑土地资源可持续利用对策研究》.《农业与技术》，2021 年第 2 期.

[11] 张绍雄.《吉林原始农业的作物及其生产工具》.《农业考古》，1983 年第 2 期.

[12] 张新荣、焦洁钰.《黑土形成与演化研究现状》.《吉林大学学报（地球科学版）》，2020 年第 2 期.

[13] 张红杰、张旭.《中国式农业农村现代化的探索历程、基本逻辑和发展趋势》.《经济纵横》，2023 年第 2 期.

[14] 李发东、岳泽伟.《加强东北黑土地保护，实现粮食安全与固碳增汇协同发展》.《中国发展》，2021 年第 6 期.

[15] 李然嫣.《我国东北黑土区耕地利用与保护对策研究》.中国农业科学院硕士论文，2017.

[16] 李鹏飞、齐艳阳.《辽源市黑土地保护工作经验简介》.《南方农业》，2021 年第 33 期.

[17] 李万军、梁启东主编.《中国东北地区发展报告（2022-2023）》.北京：社会科学文献出版社，2023.

[18] 高佳、朱耀辉、赵荣荣.《中国黑土地保护：政策演变、现实障碍与优化路径》.《东北大学学报（社会科学版）》，2024 年第 1 期.

[19] 高强、曾恒源.《"十四五"时期农业农村现代化的战略重点与政策取向》.《中州学刊》，2020 年第 12 期.

[20] 陈文胜.《我国农业农村现代化的前沿趋势与路径选择》.《山东社会科学》，2024 年第 6 期.

[21] 陈明.《农业农村现代化的世界进程与国际比较》.《经济体制改革》，2022 年第 4 期.

[22 陈潇.《美国农业现代化发展的经验及启示》.《经济体制改革》,2019 年第 6 期.

[23] 陈海华、田林鑫.《构建黑土地保护"大河湾模式"》.《中国农垦》，2022 年第 3 期.

[24] 陈文华.《中国原始农业的起源和发展》.《农业考古》，

2005 年第 1 期．

[25] 陈静宜、黄小彤．《习近平新时代粮食安全观对人类文明新形态的历史贡献》．《兵团党校学报》，2023 年第 7 期．

[26] 钟钰、崔奇峰．《从粮食安全到大食物观：困境与路径选择》．《理论学刊》，2022 年第 6 期．

[27] 王立春等．《吉林省玉米生产中水分高效农艺技术途径与模式探索》．《玉米科学》，2023 年第 1 期．

[28] 王志刚．《充分发挥科技创新在保护利用黑土地中的关键支撑作用》．《中国科学院院刊》，2021 年第 10 期．

[29] 王静华、刘人境．《乡村振兴的新质生产力驱动逻辑及路径》．《深圳大学学报》（人文社会科学版），2024 年第 2 期．

[30] 孙贺、傅孝天．《农业农村现代化一体推进的政治经济学逻辑》．《求是学刊》，2021 年第 1 期．

[31] 孙德超、李扬．《新型举国体制支撑农业农村现代化的逻辑进路与实现路径》．《社会科学》，2022 年第 7 期．

[32] 刘海军、张超、闫莉．《东北振兴二十年历程与新时代推动东北全面振兴》．《改革》，2023 年第 9 期．

[33] 刘立新、丁晓燕主编．《中国东北地区发展报告（2023-2024）》．北京：社会科学文献出版社，2024.

[34] 刘亚军等．《研发推广"梨树模式"保护好"耕地中的大熊猫"》．《中国农村科技》，2022 年第 1 期．

[35] 徐政、张姣玉．《新质生产力促进制造业转型升级：价值旨向、逻辑机理与重要举措》．《湖南师范大学社会科学学报》，2024 年第 2 期．

[36] 徐英德等．《东北黑土地不同类型区主要特征及保护利用对策》．《土壤通报》，2023 年第 2 期．

[37] 徐兴利、黄家伟．《奋进新征程 向农业强国迈进》．《食品界》，2022 年第 11 期．

[38] 龚政.《新质生产力赋能乡村振兴的理论逻辑、现实挑战与发展路径》.《当代农村财经》，2024 年第 4 期.

[39] 龚晓莺、严宇珺.《新质生产力的基本意涵、实现机制与实践路径》.《河南社会科学》，2024 年第 4 期.

[40] 韩晓增、邹文秀、杨帆.《东北黑土地保护利用取得的主要成绩、面临挑战与对策建议》.《中国科学院院刊》，2021 年第 10 期.

[41] 韩晓增、李娜.《中国东北黑土地研究进展与展望》.《地理科学》,2018 年第 7 期.

[42] 彭超、刘合光.《"十四五"时期的农业农村现代化：形势、问题与对策》，《改革》.2020 年第 2 期.

[43] 冉思伟.《列斐伏尔：空间及其生产——一位西方马克思主义者的理论探险》.《中共宁波市委党校学报》,2014 年第 1 期.

[44] 雪莲、张国强.《红山文化时期的原始农业工具》.《赤峰学院学报 (汉文哲学社会科学版)》，2011 年第 9 期.

[45] 林年丰等.《东北平原第四纪环境演化与荒漠化问题》.《第四纪研究》，1999 年第 5 期.

[46] 翟军亮等.《农民组织化与农村公共性的交互性建构：理论框架、当代实践与未来路径——兼论推进农业农村现代化的路径选择》.《南京农业大学学报》(社会科学版),2019 年第 6 期.

[47] 罗必良、耿鹏鹏.《农业新质生产力：理论脉络、基本内核与提升路径》.《农业经济问题》，2024 年第 4 期.

[48] 朱迪、叶林祥.《中国农业新质生产力：水平测度与动态演变》.《统计与决策》，2024 年第 9 期.

[49] 孔祥智、谢东东.《农业新质生产力的理论内涵、主要特征与培育路径》.《中国农业大学学报》（ 社会科学版 ），2024 年第 4 期.

[50] 陆益龙.《乡村振兴中的农业农村现代化问题》.《中国农业大学学报 (社会科学版)》.2018 年第 3 期.

[51] 蒋永穆.《从"农业现代化"到"农业农村现代化"》.《红旗文稿》.2020 年第 5 期.

[52] 杜志雄.《农业农村现代化：内涵辨析、问题挑战与实现路径》.《南京农业大学学报》(社会科学版),2021 年第 5 期.

[53] 段潇然、张霞.《农业农村现代化的主要特征及实现路径》.《农村 . 农业 . 农民》，2023 年第 01B 期.

[54] 任常青.《新发展阶段推进农业农村现代化的若干思考》.《河北农业大学学报 (社会科学版)》，2022 年第 6 期.

[55] 党国英.《振兴乡村 推进农业农村现代化》.《理论探讨》，2018 年第 1 期.

[56] 卢昱嘉等.《面向新发展格局的我国农业农村现代化探讨》.《农业现代化研究》，2022 年第 2 期.

[57] 杨慧、吕哲臻.《市场化与城乡等值化：法国农业农村现代化及其对我国乡村振兴的启示》.《浙江学刊》，2022 年第 5 期.

[58] 贾丽民，郭潞蓉.《唯物史观视域下"新质生产力"的主体动力源探析》.《理论探讨》，2024 年第 2 期.

[59] 令小雄.《"大生态观"的现代价值向度——对"生态文明"的一种理解》.《行政与法》，2014 年第 10 期.

[60] 牛一凡、付坚强.《习近平大农业观的生成逻辑、核心要义与价值意蕴》.《南京农业大学学报》（ 社会科学版 ），2024 年第 4 期.

[61] 田旭等.《以大农业观与大食物观为指导助力多元化食物供给保障体系构建》.《中国发展》.2024 年第 1 期.

[62] 冯继康.《美国农业补贴政策：历史演变与发展走势》.《中国农村经济》,2007 年第 3 期.

[63] 何传启.《世界农业现代化的发展趋势和基本经验》.《学习论坛》，2013 年第 5 期.

[64] 黄庆华、姜松、曹峥林.《人力资本对农业现代化的影响及动

态转换实证》.《中国人口·资源与环境》，2016 年第 2 期.

[65] 窦森、郭聃.《吉林省土壤类型分布与黑土地保护》.《吉林农业大学学报》，2018 年第 4 期.

[66] 施春风、尤小龙.《构建严格的黑土地保护法律制度》.《光明日报》，2022 年 7 月 30 日.

[67] 周静.《打造更加坚实可靠稳固大粮仓》.《黑龙江粮食》,2024 年第 1 期.

[68] 汪景宽等.《东北黑土地区耕地质量现状与面临的机遇和挑战》.《土壤通报》，2021 年第 3 期.

[69] 佟冬主编.《中国东北史》.长春：吉林文史出版社，2006.

[70] 吉林省地方志编纂委员会《吉林省志(卷十六 农业志·种植)》.长春：吉林人民出版社，1993.

[71] 万大勇.《关于东北亚地区原始农业问题》.《黑龙江农垦师专学报》，2003 年第 1 期.

[72] 关庆凡、崔建伟.《黑龙江地区原始农业的兴起与发展》.《农业考古》，2012 年第 4 期.

[73] 栗红.《黑龙江地区原始农业的兴起与发展》.《文化创新比较研究》，2018 年第 21 期.

[74] 赵光远.《新质生产力与土特产经济》.北京：中国科学技术出版社,2024.

[75] 赵光远等.《东北振兴与吉林农业农村现代化》.长春：吉林文史出版社，2023.

[76] 赵光远主编.《东北三省农业发展报告 2022》.长春：吉林人民出版社,2022.

[77] 赵光远、李平《论新质生产力与"三生"空间融合》.《新经济》，2024 年第 5 期.

[78] 赵光远.《新质生产力空间形态刍议》.《科技智囊》,2024 年

第 3 期．

[79] 赵光远．《论新质生产力优先赋能农村发展》．《延边大学学报（社会科学版）》，2024 年第 9 期．

[80] 赵光远．《为全方位夯实粮食安全根基贡献力量》．《吉林日报》，2022 年 11 月 29 日．

[81] 赵光远．《因地制宜践行大食物观》．《吉林日报》，2024 年 9 月 26 日．

[82] 赵光远．《切实增强粮食产业链供应链韧性》．《中国审计报》，2024 年 11 月 11 日．

[83] 赵光远．《新质生产力和乡村社会新治理》．《中国乡村发现》，2024 年第 4 期．

[84] 赵光远．《重新定义乡村》．《乡村治理发现》，2024 年第 1 辑．

[85] 姚堃、赵光远．《明确实践要点 着力把农业建成大产业》．《吉林日报》，2023 年 10 月 25 日

[86]Global status of blacksoils.FAO.Rome,Italy.2022. https://openknowledge.fao.org/handle/20.500.14283/cc3124en

[87]Sustainable black soil management: A case study from China. FAO. Rome,Italy.2024. https://openknowledge.fao.org/server/api/core/bitstreams/ed62ccf4−3e94−4af6−911a−d76a4096fbfe/content

[88] "Climate−Smart" Agriculture Policies, Practices and Financing for Food Security, Adaptation and Mitigation.FAO. Rome,Italy.2010.

https://www.fao.org/4/i1881e/i1881e00.pdf

[89]2024 Annual Report of the North American Soil Partnership. FAO.Rome,Italy.2024.

https://openknowledge.fao.org/handle/20.500.14283/cd0414en

后　记　粮仓初心

《黑土粮仓——人、粮、地关系新探》初稿完成之际，正值《中共中央关于进一步全面深化改革 推进中国式现代化的决定》（以下简称《决定》）发布不久，本书中相关观点与《决定》相关方向尚属吻合，不胜自喜之余，我亦回顾了写作的过程、思想的提取、观点的凝练等过往，总有一些体会需要留下，遂作为后记。

一是个人初心的体会。写作本书是我决定逼自己进行科研业务转型的一个举措，也是我加深对社会问题的思考，服务家乡与国家农业发展问题的一个举措。作为哲学社会科学研究者的初心使命，就是要不懈追求真理与知识创新。如果不逼自己一把，就永远跳不出原有的圈子，而永远看不到更大的世界，最终就无法离真理更近一步。而我们从事哲学社会科学研究的初心，不就是要让自己离真理越来越近吗？

二是粮仓初心的体会。必须看到黑土地能够形成"黑土粮仓"，初心在人、行动在人、实现在人，只有不断强化黑土地上建设粮仓的初心，才能汇聚力量、用足智慧而实现之。"黑土粮仓"的成就，更主要的是 1949 年以来的人们奋斗结果，是 21 世纪以来综合国力提升和科技进步的结果。只有看到这些结果，我们才能聚力于人、展望未来，并不断取得更大的成就。

三是创新融合的体会。仅仅有初心并不足以实现目标，不论是个人初心，还是粮仓初心，都需要创新融合予以支撑。就粮仓初心的实现而言，我们能够从早期的人拉肩扛发展到目前的机械化、智能化等，不只是粮仓建设者本身的努力，还有社会各界的广泛支持，以及生产力进步的支撑。就此而言，着眼于新质生产力的培育和壮大，着眼于农业现代化的推进与加速，初心之上，开放包容，创新融合，解放自我，都是实现粮仓初心，取得伟大成就的关键。

四是深化改革的体会。粮仓初心的实现，绝大多数要归功于思想解放和深化改革。《决定》中关于新质生产力、区域协调发展、城乡融合发展等等多个内容，都与"黑土粮仓"建设息息相关。必须准确把握人、粮食、黑土地关系的中长期变化，用好全面深化改革的各种措施，才能持之以恒、久久为功，让"黑土粮仓"满足国家的需要、人民的需要，走出一条高质量发展之路。

以上是我就本书写作的几点体会。书稿付梓之际，恰逢习近平总书记在听取吉林省委、省政府汇报后发表重要讲话，并指出"保障国家粮食安全是农业大省、粮食大省的政治责任"，而人、粮、地关系恰是贯彻落实这一政治责任的一个重要逻辑，是从出版领域对习近平总书记重要讲话的积极响应。出版社高度重视，编辑精心策划推进，整个团队齐心合力，积极把握形势变化就稿件进行了多次修改，更加凸显"人、粮、地关系新探"这个主题，从"必须坚持人民至上"出发把握了黑土粮仓建设的理论内核。中央党校马克思主义学院张占斌教授、黄锟教授对此书予以高度关注并进行了指导，张占斌教授亲自为本书作总序。湖南师范大学中国乡村振兴研究院院长陈文胜先生为本书作序，吉林大学东北振兴研究院邴正教授、中国社会科学院农村发展研究所杜志雄研究员、四川省社会科学院副院长廖祖君研究员倾情推荐本书，都体现了本书的理论贡献和实践价值。在此，对出版社工作团队、关注此书的专家学者们、

为此书提供照片的吉林省摄影家协会主席郑春生先生，以及对此书
撰写过程中予以我支持的家人、同事、所在单位一并表示衷心感谢。
最后，就本书中可能存在的不足，向读者致歉，并希望读者能够向
作者反馈相关信息。

赵光远

2025 年 3 月 10 日